Richard Deiss

Schicksalsberg und Himmelsauge

777 Beinamen von Bergen, Tälern, Inseln, Flüssen und Seen

Adresse des Autors:
Machnowerstr. 65
D-14165 Berlin
Richard.deiss@gmail.com

Anregungen und Kommentare sind willkommen und werden in der nächsten Auflage berücksichtigt.

Herstellung und Verlag: Books on Demand, Norderstedt

Sechste Auflage, Originalausgabe

© Richard Deiss, Berlin 2019

Printed in Germany

Der Inhalt dieses Buches entspricht ausschließlich der Privatmeinung des Autors.

ISBN   978-3-839-1883-30

Bibliografische Information der Deutschen Nationalbibliothek

Die Deutsche Nationalbibliothek verzeichnet diese Publikation in der Deutschen Nationalbibliografie; detaillierte bibliografische Daten sind im Internet über http://dnb.d-nb.de abrufbar.

Inhalt

Vorwort

Nach Büchern zu Beinamen von Länder (*Nabel des Mondes und Träne im Indischen Ozean*), Regionen (*Von der Blauen Banane zum Rhabarberdreieck*), Städten (*Elbflorenz und Sprayathen*), Stadtteilen (*Hibbdebach und Dribbdebach*), Verkehrsmitteln (*Silberling und Bügeleisen*) und Bauwerken (*Schwangere Auster und Hohler Zahn*) ist dies der 7. und vorläufig letzte Band meiner kleinen Reihe zu geographischen, stadt- und verkehrsbezogenen Beinamen. Über 700 Beinamen von Bergen, Inseln, Flüssen und Seen sind in diesem kleinen Bändchen in Tabellen zusammengestellt und teilweise im Text kurz erörtert.

Ich hoffe, die Zusammenstellung ist für alle, die sich für Geographie interessieren, als kleines Nachschlagewerk nützlich. Viele der aufgeführten Beinamen sind geläufig, doch etliche weniger bekannt. Teilweise ergeben sich aus Beinamenperspektive neue Sichtweisen bekannter Landschaftselemente wie Berge, Inseln, Seen und Flüsse.

Der Anhang enthält zudem eine Liste aller Reisebuchläden Europas.

Die Sammlung der Beinamen soll alle paar Jahre erweitert und aktualisiert werden. Anregungen und Hinweise auf weitere Beinamen sind deshalb jederzeit willkommen.

Berlin, im Juni 2019
Richard Deiss

1. Berge

<u>Berühmte Berge als Beinamengeber</u>

Das Matterhorn ist der mit Abstand führende Bergbeinamengeber. Etwa die Hälfte der Synonym-Bergbeinamen weltweit bezieht sich auf das Matterhorn. Weitere wichtige Synonym-Berge, die anderen Bergen Beinamen verleihen, sind der Fuji und die Rigi.

<u>Beiname</u>	<u>Im Buch aufgeführte Beispiele</u>
1. Matterhorn	70
2. Fuji	20
3. Rigi	17
4. Dolomiten	6
5. Olymp	4
6. Huang Shan	3
7. Mount Everest	3
8. Mont Blanc	3

Als allgemeine Berg-Beinamen sind zudem ‚*heiliger Berg*' und ‚*Dach*' wichtig.

1.1 Matterhorn

Das 4478 m hohe Matterhorn (französisch: Mont Cervin, italienisch: Monte Cervino) im Schweizer Kanton Wallis ist einer der bekanntesten Berge der Welt. Wahrscheinlich ist es der Berg mit der markantesten, erkennbarsten Form. Der Berg Matterhorn ist deshalb auch ein Symbol, welches für die Schweiz steht und entsprechend in der Werbung eingesetzt wird. Kein Wunder auch, dass das Matterhorn der führende Bergbeinamengeber ist. Mehr als 70 Berge weltweit werden als ‚*Matterhorn von..*‘ bezeichnet. Etliche Berge, vor allem in den USA, heißen zudem offiziell Matterhorn.

Deutschland	
Geiselstein (1884 m)	M. der Ammergauer Alpen
Großer Osser (1299 m)	Matterhorn des Bay. Waldes
Hohe Acht (747 m)	Matterhorn der Eifel
Jenzig (385 m)	Matterhorn des Saaletales
Scharfenstein (569 m)	Lausitzer Matterhorn
Trettachspitze (2595 m)	Matterhorn des Allgäus
Watzmann (2713 m)	M. der Berchtesgad. Alpen
Österreich	
Guffert (2195 m)	Matterhorn des Achentales
Lugauer (2217 m)	Matterhorn der Steiermark
Pflerscher Tribulaun (3097)	Matterhorn des Stubai
Zimba, Österreich (2643 m)	Matterhorn des Montafons
Schweiz	
Pizzo del Prévat (2588 m)	Matterhorn des Südens
Tinzenhorn (3172 m)	Matterhorn von Davos
Zerfreilahorn (2898 m)	Matterhorn Graubündens

Allein in Deutschland gibt es sieben Gipfel, die den Beinamen *Matterhorn* tragen. Manche Touristenprospekte gehen sogar noch weiter und bezeichnen, etwas weit hergeholt, etwa den Vorderen Hohen Knochen (765 m) als ‚*Matterhorn des Sauerlandes*‘. In Berlin gibt es zudem einen *Spandauer Matterhorn* genannten Kletterfelsen.

Berge mit Matterhorn-Beinamen in Europa

Übrige Alpen	
Bric Bouchet (2997 m)	Matterhorn von Queyras
Cimon della Pala (3184 m)	Matterhorn der Dolomiten
Chersogno (3026 m)	Matterhorn des Mairatals
Grand Glière (3387 m)	Tarentaiser Matterhorn
Jalovec (2645 m)	Matterhorn Sloweniens
Pic Regaud (3232 m)	M. der Grajischen Alpen
Pizzo d'Uccello (1781 m)	M. der Apuanischen Alpen
Pointe Percée (2752 m)	Matterhorn von Aravis
Rocca Castello (2453 m)	M. der Cottischen Alpen
Sosto (2220 m)	Matterhorn des Bleniotals
Nordeuropa, Grönland	
Innerdalstarnet (1452 m)	Matterhorn Norwegens
Kapuzenberg (784 m)	Matterhorn Grönlands
Romsdalshorn (1550 m)	Matterhorn Norwegens
Stetind, Norwegen (1392 m)	Matterhorn des Nordlandes
Großbritannien	
Roseberry Topping (320m)	Matterhorn of the Moors
Clach Clas (789 m)	Matterhorn von Skye
Cnicht (689 m)	Matterhorn von Wales
Sgurr na Ciche (1040 m)	Matterhorn of Scotland
Frankreich	
Rothenbachkopf (1316 m)	Matterhorn der Vogesen
Pic du Midi d'Ossau (2884)	Matterhorn der Pyrenäen
Cret de Chalam (1545 m)	M. des französischen Jura
Paglia Orba (2525)	Matterhorn Korsikas
Südeuropa	
Naranjo de Bulnes (2519 m)	Matterhorn Spaniens
Roque de Taborno (700m)	Matterhorn Teneriffas
Txindoki (1346 m)	Baskisches Matterhorn
Toraggio (1973 m)	Matterhorn Liguriens
Osteuropa	
Krivan (2494)	Slowakisches Matterhorn
Kupena (2169 m)	Matterhorn Bulgariens
Zubac (1897 m)	Bosnisches Matterhorn
Felsen im Böhm. Paradies	Böhmisches matterhorn

<u>Berge mit Matterhorn-Beinamen in der übrigen Welt</u>

Asien	
Ama Dablan (6812 m)	Matterhorn des Himalaja
Machapucharé (6997m)	Matterhorn des Himalaja
Shivling (6543 m)	Matterhorn Indiens
Dabajian (3490 m)	Matterhorn Taiwans
Kajaqiao (6447 m)	Matterhorn Chinas
Yari (3180 m)	Matterhorn Japans
Takamiyama (283 m)	Matterhorn of Kinki region
Khan Tengry (7010 m)	Matterhorn Zentralasiens
Belalakaja (3861 m)	Matterhorn des Kaukasus
Dzan-Tugan (3991 m)	Matterhorn des Kaukasus
Kazbek (5047 m)	Matterhorn des Kaukasus
Uschba, Georgien (4710 m)	Matterhorn des Kaukasus
Afrika	
Große Spitzkoppe (1854 m)	Namibisches Matterhorn
Mount Kenya (5199 m)	Matterhorn Afrikas
Nordamerika	
Conuma Peak (1481 m)	M. of Nootka Sound
Cooks Peak (2563 m)	M. of the South West
Grand Teton (4198)	Matterhorn Amerikas
Mount Sir Donald, (3284)	Matterhorn Nordamerikas
Mount Assiniboine (3618 m)	Matterhorn Amerikas
Longs Peak (4346 m)	M. of Colorado Rockies
Pfeifferhorn (3452 m)	Little M. of Utah's Wasatch
Lateinamerika	
Cabeza de Condor (5696 m)	Matterhorn of Bolivia
Jirishanca (6094 m)	Matterhorn Perus
Qulindana (4898 m)	Matterhorn Ecuadors
Pazifik	
Mount Aspiring (3033 m)	Matterhorn des Südens
Olomana (Hawaii) (246 m)	Matterhorn von Oahu

1.2 Fuji (Fujiyama/Fuji san)

Berg (Vulkan)	Beiname
Japan	
Rishiri (1721 m)	Rishiri Fuji
Sanuki (422 m)	Sanuki Fuji
Nikko (2484 m)	Nikko Fuji
Mount Yotei (1898 m)	Ezo Fuji
Mount Bandai (1819 m)	Aizo Fuji
Mount Iwate (2038 m)	Nanbu Fuji
Mount Chokai (2236 m)	Akita Fuji
Mount Daisen (1729 m)	Hoki Fuji
Mount Kaimon (924 m)	Satsuma Fuji
Mount Haruna (1449 m)	Haruna Fuji
Übrige Welt	
Spitzberg/Ostrzyca (501 m)	Schlesischer Fujiyama
Atlasov-Vulkan (2339 m)	Araido Fuji
Mount Rainier (4392 m)	Tacoma Fuji
Mount St. Helens (2549 m)	America's Mount Fuji
Mount Hood (3425 m)	Fuji of North America
Arsenal (1657 m)	Fuji Costa Ricas
Cotopaxi (5897 m)	Fuji Ecuadors
Osorno (2652 m)	Fuji Chiles
Mount Merapi (2968 m)	Java Fuji
Mayon (2463 m)	Luzon Fuji

Der 3776 m hohe, wenig aktive Fuji ist der höchste Berg Japans und einer der bekanntesten Vulkane der Welt. Seine korrekte Bezeichnung ist eigentlich Fujisan, doch wird er in Europa oft auch Fujiyama (Fujijama) genannt. Unter den Vulkanen ist der Fuji der wichtigste Beinamengeber. Bei den Bergen insgesamt steht er nach dem Matterhorn an zweiter Stelle. Im vulkanreichen Japan werden mindestens 10 Berge mit dem Fuji verglichen. Außerhalb Japans sind es mindestens 10 weitere Vulkane, die diesen Spitznamen tragen. Mit dem Probsthainer Spitzberg gibt es sogar einen schlesischen Fuji.

1.3 Rigi

Berg	Beiname
Deutschland	
Auerberg (1051 m)	Schwäbischer Rigi
Burgberg (Maulach, 534 m)	Fränkischer Rigi
Dolmar (740 m)	Rigi Thüringens
Farrenkopf (789 m)	Badischer Rigi
Grünten (1738 m)	Schwäbischer Rigi
Hochfirst (1190 m)	Rigi des Schwarzwaldes
Hoher Peißenberg (987 m)	Bayerischer Rigi
Hügel in Petersdorf (290 m)	Harz-Rigi
Großer Inselsberg (917 m)	Thüringischer Rigi
Jenzig (385 m)	Rigi des Saaletales
Sodenberg (506 m)	Rigi der Rhön
Europa	
Dobratsch (2166 m)	Kärntner Rigi
Hohe Salve (1829 m)	Rigi Tirols
Kulm (975 m)	Steirischer Rigi
Schafberg (1782 m)	Österreichischer Rigi
Hohe Wostrey (587 m)	Elbe-Rigi
Zeidner Berg (1294 m)	Rigi des Burzenlandes

Das innerschweizer Bergmassiv Rigi mit Rigi-Kulm als höchstem Gipfel (1798 m), gilt als bester Aussichtspunkt der Zentralschweiz. Einst wurde die Legende in die Welt gesetzt, Rigi wäre die Abkürzung von Regina Montium, was auf Lateinisch *Königin der Berge* heißt. Die Rigi trägt trotzdem den Königinnenbeinamen. In Deutschland, vor allem im Süden des Landes und in Österreich, werden etliche Aussichtsberge mit dem Beinamen Rigi belegt, oft allerdings als ,der Rigi' statt ,die Rigi'. Beispiele sind der Hohe Peißenberg als *bayerischer Rigi*, der Hochfirst als *Rigi des Schwarzwaldes*, der Farrenkopf im Schwarzwald als *Badischer Rigi*, der Auerberg im Allgäu als *Schwäbischer Rigi*, der Schafberg als *österreichischer Rigi*, die Hohe Salve als *Rigi Tirols* und der Dobratsch als *Kärntner Rigi*.

1.4 Dolomiten

Berg	Beiname
Oberhauser Felsen (Hunsrück)	Kirner Dolomiten
Landschaft um Scharzfeld	Harzer Dolomiten
Hessigheimer Felsengärten	Schwäbische Dolomiten
Kalkkögel	Nordtiroler Dolomiten
Gosaukamm	Salzburger Dolomiten
Monti Alburni (Kampanien)	Dolomiten des Südens

Drei Zinnen in den Dolomiten (Bild: Wikipedia)

Die Gebirgskette der Dolomiten in den italienischen Süd-
alpen gehört seit Juni 2009 zum UNESCO-Weltnaturerbe. Die Dolomiten sind für ihre markanten fein
modellierten Kalksteinbergspitzen bekannt. Ähnliche
Formationen in anderen Regionen Italiens, der Alpen
oder in Deutschland werden gelegentlich als ‚Dolomiten
von..‘ bezeichnet. Beispiele sind die Oberhauser Felsen
im Hunsrück als Kirner Dolomiten. Angeblich wurden
Teile von Luis Trenkers 1937 produzierten Matterhorn-
Films ‚Der Berg ruft‘ in den *Kirner Dolomiten* gedreht.
Eine Wikipedia-Seite zum Film gibt jedoch Zermatt und
das Matterhorn als Drehort an.
Der Kalkkögel in Tirol trägt den Beinamen *Nordtiroler
Dolomiten*, der Gossaukamm *Salzburger Dolomiten*.

1.5 Olymp

Berg	Beiname
Urberg (Harz)	Olymp des Nordens
Ceahlau (1907 m)	Moldaus Olymp
Rtajn-Berge	Serbischer Olymp
Zobten	Schlesischer Olymp

Der Olymp ist eigentlich kein Berg, wie oft vermutet, sondern ein Gebirge, das höchste Griechenlands. Höchster Gipfel ist der Mytikas (2919 m). Als Beinamengeber dient der Olymp meist im übertragenen Sinne. So wurde das Evangelische Stift Tübingen, aus dem viele bedeutende Theologen, Philosophen, Wissenschaftler und Schriftsteller hervorgingen, darunter der Astronom Johannes Kepler, Friedrich Hölderlin, Friedrich Schelling und Wilhelm Hauff, als Schwäbischer Olymp bezeichnet. Im geographischen Sinne ist ein (eher selten genutzter) Beiname der Schwäbischen Alb auch *Schwaben-Olymp*.

Der Urberg im Harz wird (manchmal) als *Olymp des Nordens* bezeichnet.

Einen Deutschen Olymp gibt es auch. So heißt ein Hügel des niedersächsischen, unweit von Cuxhaven gelegenen Höhenzuges Wingst. 1852 nannte ein Gastwirt den 61 m hohen Fahlenberg in ‚Deutscher Olymp' um, um Besucher anzulocken. Die ebenfalls ‚Deutscher Olymp' genannte Gaststätte wurde 2005 geschlossen. Der 29 m hohe Aussichtsturm an der Gaststätte kann jedoch weiter besucht werden.

Ansonsten ist Olymp als Gebirgsbeiname eher in Südosteuropa verbreitet. So wird das Ceahlau-Massiv im Osten Rumäniens (höchster Gipfel: 1907 m) als *Moldawischer Olymp* bezeichnet., die Rtajn-Berge in Serbien gelten wiederum als *Serbischer Olymp*.

1.6 Mount Everest (Chomolungma)

Berg	Beiname
Mount Shasta	Mt. Everest of Silicon Valley
500 m- Sanddüne in der Badai-Waran-Wüste (China)	Chomolungma der Wüste
Fresh Kills (Mülldeponie)	Mt. Everest of Garbage

Der Mount Everest (nepalesisch Sagarmatha, tibetisch: Chomolungma-heilige Mutter) ist mit 8848 m der höchste Berg der Welt und als solcher auch einer der berühmtesten. Er ist Teil des Himalaja-Gebirges, welches auch ‚Dach der Welt' genannt wird und liegt an der Grenze China-Nepal. Am 29. Mai 1953 wurde der Mount Everest zum ersten mal bestiegen - von Edmund Hillary und dem Sherpa Tenzing Norgay. Die Aufstiege erfolgen in der Regel von der nepalesischen Seite.

Als Beinamengeber fungiert der Berg allerdings kaum, da sein Umriss eher wenig bekannt ist und es als vermessen gelten würde, kleinere Gipfel mit dem höchsten Berg der Welt zu vergleichen. In Kalifornien wird der 4317 m hohe Vulkan Mount Shasta immerhin *Mt. Everest of Silicon Valley* genannt. In New York hatte die mittlerweile geschlossene Fresh Kills Mülldeponie, dort wurden auch die Trümmer des World Trade Centers deponiert, den Beinamen *Mt. Everest of Garbage*.

In der Wüste Gobi, in China Badai-Wüste genannt, gibt es eine 500 m hohe Sanddüne, die im Reich der Mitte *Chomolungma der Wüste* genannt wird.

<u>1.7 Huang Shan</u>

Berg	Beiname
Shimenshan	Gansu's Little Huangshan
Xiaozi	Little Huangshan
Liji Lunar World	Little Huangshan

Huang Shan (Bild: Immanuel Giel, Wikipedia)

Huang Shan („gelber Berg) ist ein Gebirge in der Provinz Anhui, unweit von Shanghai. Für die Chinesen ist Huang Shan der Idealtyp eines Gebirges, unzählige Maler haben seit Jahrhunderten die von Kiefern bewachsenen steil aufragenden Felsen, in denen sich oft Wolkenfetzen fangen, in Bildern festgehalten. Seit 1990 ist Huang Shan auf der UNESCO-Liste des Weltnaturerbes. Ähnliche Gebirgsformationen in anderen Gegenden Chinas werden öfters als *Little Huang Shan* bezeichnet.

1.8 Mont Blanc

Berg	Beiname
Le Buet (Frankr., 3096 m)	Mont Blanc der Damen
Lyngsalpene (1625 m)	Mont Blanc des Nordens
Sella Mandrazzi (1125 m)	Mont Blanc Siziliens

Der 4810 m hohe Mont Blanc (,weißer Berg'), auch *König der europäischen Berge* genannt, gilt als höchster Berg Europas (Kaukasus nicht eingerechnet). Als Beinamengeber ist er jedoch weniger relevant. Nur drei Berge in Europa werden mit ihm verglichen.

Einer ist der benachbarte, leicht zu besteigende Le Buet, der *Mont Blanc der Damen* (Mont Blanc de Dames) genannt wird. Das Gebirgsmassiv Lyngsalpene (,Lyngen-Alpen') in Norwegen gilt als *Mont Blanc des Nordens*. Manchmal wird der Sella Mandrazzi auf Sizilien mit dem Mont Blanc verglichen. Doch weiß ist er augrund seiner geringen Höhe nur selten.

Mont Blanc (Bild: Wikipedia)

1.9 Zuckerhut

Berg	Beiname
Kohlberg (623 m, Fichtelgebirge)	Zuckerhut
Rossberg bei Gönningen	Schwäbischer Zuckerhut
Zittauer Gebirge	Kletterfelsen Zuckerhut
Piatra Craivii (1078)	Rumänischer Zuckerhut
Insel Pain du Sucre bei Siego Suarze	Zuckerhut Madagaskars

Der Pão de Açúcar (übersetzt `Zuckerbrot´) in Rio de Janeiro, im Deutschen als Zuckerhut bezeichnet, ist einer der visuell einprägsamsten Berge weltweit.

Mehr als 400 Berge und Hügel weltweit tragen den offiziellen Namen Zuckerhut. Allein in den USA gibt es mehr als 200 Berge, welche *Sugar Loaf* (Zuckerlaib) heißen. Das ist ihrer Form zu verdanken und spielt nicht unbedingt auf Rio an.

Zuckerhut als Beiname ist dagegen seltener. Die Insel Pain du Sucre (Zuckerbrot) in Madagaskar heißt offiziell Zuckerhut. Weil ihre Form sehr dem Berg in Rio nahe kommt wird sie zudem als *Zuckerhut Madagaskars* bezeichnet.

In Sardinien gibt es mit dem Pan di Zucchero einen *sardischen Zuckerhut*.

Der Kohlberg im Fichtelgebirge wird wegen seiner Form auch *Zuckerhut* genannt. Im Zittauer Gebirge heißt ein Felsen ebenfalls *Zuckerhut*. Auf der Schwäbischen Alb gibt es mit dem Rossberg einen *schwäbischen Zuckerhut*, auf der Fränkischen Alb bei Birkenreuth einen *fränkischen Zuckerhut*.

Als *umgestülpter Zuckerhut* wird zudem ein prägnantes Fachwerkhaus in Hildesheim bezeichnet, welches von einer schmalen Basis oben auskragt. 1510 errichtet, wurde es im Krieg zerstört und zum 500. Geburtstag im Jahr 2010 wieder aufgebaut.

1.10 Heilige Berge

Berg	Beiname
Deutschland	
Bussen (767 m)	Heiliger Berg Oberschwabens
Kloster Andechs (690 m)	Heiliger Berg Bayerns
Kreuzberg (Rhön) (928 m)	Heiliger Berg der Franken
Wilzenberg (658 m)	Heiliger Berg des Sauerlandes
Europa	
Athos	Heiliger Berg Griechenlands
Croagh Patrick	Heiliger Berg Irlands
Fairy Hill	Heiliger Berg Schottlands
Fruska Gora	Heiliger Berg Serbiens
Montserrat	Heiliger Berg Spaniens
Odilienberg	Heiliger Berg des Elsass
Ysgyryd Fawr (Wales)	Holy Mountain
Welt	
Ararat (Türkei)	Heiliger Berg der Armenier
Fuji	Heiliger Berg Japans
Gunung Agung	Heiliger Berg Balis
Kailash (Tibet)	Heiliger Berg Tibets
Licancabur (Chile)	Heiliger Berg der Incas
Ol Doinyo Lengai	Heiliger Berg der Massai
San Francisco Peaks	Heiliger Berg der Navajo
Uluru	Heiliger Berg der Aborigines

Etliche Berge gelten der lokalen Bevölkerung als ‚heilig'. Der oberschwäbische Bussen und der Wilzenberg im Rothaargebirge sind Wallfahrtsorte und tragen deshalb den Beinamen ‚heiliger Berg'. Der früher Aschberg genannte Kreuzberg in der Rhön war einst keltische Kultstätte und gilt seit der Missionierung Frankens durch St. Kilian im Jahr 686 als *Heiliger Berg der Franken*. Diese Rolle wird durch ein Gipfelkreuz und drei Golgatakreuze unterstrichen. Ein Kreuzweg empfindet den Verlauf des Kreuzwegs in Jerusalem nach. Das auf einem Hügel gelegene Kloster Andechs gilt (auch wegen des Biercs) als *Heiliger Berg der Bayern*.

1.11 Mörderische Berge

Berg	Beiname
Eiger Nordwand	Eiger Mordwand
Preikestolen (Norwegen)	Selbstmörderberg
Mönchsberg (Salzburg)	Selbstmörderberg
Ogre (7285 m)	Menschenfresserberg
Nanga Parbat (8125 m)	Menschenfresser, Killerberg

Die 4 km lange Klettertour an der 1650 m hohen Nordwand des Eiger (3970 m) galt lange als eine der schwierigsten Alpenberge. In den 1930er Jahren endeten zwei Aufstiegsversuche tödlich, seither hat die Wand den Beinamen *Mordwand*. Vor allem deutsche und österreichische Bergsteiger versuchten sich, von der Nazi-Kampf-Ideologie getrieben, am Aufstieg. Seit den 1930er Jahren kamen beim Aufstieg 51 Menschen ums Leben, beim Abstieg 14 weitere. Neue Techniken machen das besteigen heute allerdings einfacher as früher.

Aus ideologischen Gründen versuchten sich deutsche und österreichische Bergsteiger in den 1930er Jahren auch am Nanga Parbat (während sich die Briten auf den Mount Everest konzentrierten). Der Nanga Parbat (was ‚nackter Berg‘ bedeutet) wurde zum Schicksalsberg der deutschen stilisiert. Viele Bergsteiger kamen beim Versuch, diesen zu erklimmen, ums Leben. Ein schwieriger Berg ist auch der Baintha Brakk in Pakistan, auch Ogre genannt. Eine Besteigung gelang erst im Jahre 1977. Wegen vieler verunglückter Bergsteiger wird der Ogre auch *Menschenfresser* genannt.

Am Mönchsberg in Salzburg sterben keine Alpinisten. Der Berg lockt vielmehr Selbstmörder an. Auch am Preikestolen, einer Felsplattform am norwegischen Lysefjord kommen keine Bergsteiger ums Leben. Selbstmörder gibt es hier auch nicht viele, aber die Felskanzel wirkt so, als ob sie solche einladen würde.

1.12 Dach

Gebirge	Beiname
Deutschland	
Zugspitze (2964 m)	Dach Deutschlands
Bayerischer Wald	Das grüne Dach Europas
Schneeberg (1053 m)	Dach Frankens
Brocken (1141 m)	Dach des Harzes
Fichtelberg (1214)	Dach Sachsens
Alpen	
Mont Blanc (4810 m)	Dach Europas
Jungfraujoch (3471 m)	Dach Europas
Großglockner (3798 m)	Dach Österreichs
Grauspitzen (2574 m)	Dach Liechtensteins
Ortleralpen (3905 m)	Dach Südtirols
Übriges Europa	
Botrange (700 m)	Dach Belgiens
Abruzzen (2914 m)	Dach Italiens
Pico (2351 m)	Dach Portugals
Hohe Tatra (2655 m)	Dach der Slowakei
Moldoveanu (2544 m)	Dach Rumäniens
Carranutoohil (1038 m)	Dach Irlands
Mussala (Bulgarien)	Dach des Balkans
Kekes (1014 m)	Dach Ungarns
Tourmalet (2114 m)	Dach der Pyrenäen
Galdhöppigen (NO, 2469 m)	Dach Skandinaviens
Welt	
Himalaya (8848 m)	Dach der Welt
Mt Kilimanjaro (5895 m)	Dach Afrikas
Mt Khuiten (4374 m)	Dach der Mongolei

Verschiedene Gebirge oder auch höchste einzelne Berge werden ‚*Dach von..*‘ genannt. In Deutschland gehören dazu die Zugspitze als *Dach Deutschlands* (eher selten so genannt), der Schneeberg im Fichtelgebirge als *Dach Frankens* (oft wird auch das Fichtelgebirge selbst so genannt), der Fichtelberg als *Dach Sachsens* und der Brocken als *Dach des Harzes*.

<u>1.13 Vulkane</u>

Vulkan	Beiname
Ätna (Italien)	Guter Berg, Berg der Berge
Hekla (Island)	Tor zur Hölle
Kilauea (Hawaii)	Drive by volcano
Krakatau (Indonesien)	National Monument
La Soufrière (Guadeloupe)	Alte Dame (Vieille Dame)
Mauna Loa (Hawaii)	Monarch der Berge
Pacaya (Guatemala)	Stromboli Mittelamerikas
Mount Liamuiga (Karibik)	Mt. Misery
Stromboli (Italien)	Leuchtturm des Mittelmeeres
Mount Thielsen (USA)	Blitzableiter der Kaskadenkette

Unter den Vulkanbergen ist der Fuji der wichtigste Beinamengeber. Der jedes Jahr von über 1 Million Japanern bestiegene Fuji ist aktiv, mit allerdings nur geringem Ausbruchsrisiko. Viel häufiger ist die vulkanische Aktivität des vor der Küste Siziliens gelegenen Stromboli. Der Stromboli wird deshalb auch *Leuchtturm des Mittelmeeres* genannt. Der ebenfalls sehr aktive Vulkan Pacaya in Guatemala wird auch *Stromboli Mittelamerikas* genannt. Aktiv ist auch der 3323 m hohe Ätna auf Sizilien, der trotz seiner Ausbrüche als *Guter Berg* bezeichnet wird. Im Winter 2002/03 zerstörte Ätna-Lava immerhin eine Seilbahn am Vulkanhang. Noch aktiver als der Ätna ist der Kilauea auf Hawaii. Viele Touristen besuchen ihn. Weil eine Straße bis fast an den Krater führt, wird er auch als drive-by-volcano bezeichnet. Größer als der Kilauea ist der ebenfalls auf Hawaii gelegene Mauna Loa. Seine majestätisch mächtige Form verhalf ihm zum Beinamen *Monarch der Berge*. Ein einst Mount Misery genannter Vulkan auf St. Kitts in der Karibik ist nur wenig aktiv und hatte seinen Namen deshalb nicht verdient. 1983 wurde er in Mount Liamuiga umbenannt.

Stadt	Hausberg
Aachen	Lousberg
Adelsberg	Chemnitz
Frankfurt (Main)	Gr. Feldberg, Lohrberg
Freiburg im Breisgau	Schauinsland
Heidelberg	Königstuhl
Jena	Hausberg, Jenzig
Karlsruhe	Turmberg
Kassel	Habichtswald
München	Bayer. Alpen, Herzogstand
Reutlingen	Achalm
Wiesbaden	Neroberg
Innsbruck	Patscherkoferl
Linz	Pöstlingberg
Salzburg	Untersberg
Wien	Kahlenberg
Basel	St. Chrischona
Bern	Gurten
Genf	Salève
Zürich	Uetliberg
Barcelona	Tibidabo
Tirana	Dajti
Montreal	Mont Royal
Rio de Janeiro	Corcovado

Städte, die unweit von Gebirgen liegen, haben oft ihren eigenen Hausberg. Manchmal ist die örtliche Topographie auch so bewegt, dass ein Hausberg innerhalb der Stadtgrenzen liegt. Beispiele sind der Lousberg in Aachen, der Neroberg in Wiesbaden, der Turmberg in Karlsruhe, der Pöstlingberg in Linz, der Mont Royal in Montreal oder der Corcovado in Rio de Janeiro.

Den Münchnern gelten die gesamten Bayerischen Alpen als Hausberg, manchmal wird auch der Herzogstand so bezeichnet.

<u>1.15 Wächter</u>

Berg	Beiname
Deutschland	
Grünten (1738 m)	Wächter des Allgäu
Heiligenberg (440 m)	Wächter der Landschaft
Keulenberg (413 m)	Wächter der Westlausitz
Europa	
Zobten/Slezka (718 m)	Wächter Schlesiens

Vom 1738 m hohen Grünten kann man alle Ecken des Allgäus überblicken. Er wird wegen seiner Form und Lage *Wächter des Allgäus* genannt. Zum Wiedererkennungswert trägt auch ein 96 m hoher weiß-roter Sendemast des Bayerischen Rundfunks bei.

Der Keulenberg in Sachsen ist nur 413 m hoch, aber dennoch die höchste Erhebung zwischen Dresden und Schweden. Er gilt in Sachsen auch als *Wächter der Westlausitz*.

Der 440 m hohe Heiligenberg im Heidelberger Teil des Odenwaldes wird auch als *Wächter der* dortigen *Landschaft* bezeichnet.

Im heutigen Polen galt früher nicht die Schneekoppe, sondern der 718 m hohe Zobten (bzw Zobtenberg) als *Wächter Schlesiens*.

1.16 Weitere Bergbeinamen-Deutschland

Berg	Beiname
Deutschland	
Arzberg	Arztberg
Drachenfels	Höchster Berg der Niederlande
Hohentwiel	Hergotts Kegelspiel
Großer Arber	König des Bayerischen Waldes
Köterberg	Monte Wau Wau, Monte Bello

In Norddeutschland ist der 496 m hohe Köterberg beinamenreich. Wegen seines Namens wird er auch *Monte Wau-Wau* oder *Monte Bello* oder genannt. Zudem gilt er als *Brocken des Weserberglandes*. Der Drachenfels bei Bonn ist nur 321 m hoch. Wegen vieler holländischer Touristen, die auf seinem per Zahnradbahn erreichbaren Gipfel anzutreffen sind, wird er scherzhaft auch ‚*höchster Berg der Niederlande*' genannt. Dabei ist der Vaalserberg (323 m) in den Niederlanden höher. Der Arzberg bei Beilngries könnte wegen zahlreicher Kräuter, die an seinen Hängen zu finden sind, auch *Arztberg* genannt werden, meinte ein örtlicher Pfarrer im Jahre 1836 (der Name leitet sich jedoch von ‚Erzberg' ab). Der Kohlberg im Fichtelgebirge (632 m) wird noch heute scherzhaft *Zuckerhut* genannt, weil früher über die an ihm verlaufende bayerisch-preußische Grenze Zucker ge-schmuggelt wurde.

Berg	Beiname
Europa	
Mont Ventoux	Gigant der Provence
Bürgenstock	Zauberberg der Millionäre
Monte Baldo	Botanischer Garten Europas
Untersberg	Wunderberg
Welt	
Tafelberg (Kapstadt)	Table cloth mountain
Gamsberg	Namibas Table Mountain
Mt. McKinley	Kältester Berg

Als geheimnisvoll und sagenumwoben gilt der Untersberg an der deutsch-österreichischen Grenze bei Salzburg. Er wird deshalb auch *Wunderberg* genannt.

Vom Tafelberg bei Kapstadt wabert manchmal wie eine tischtuchartige Wolkendecke (table cloth), deshalb der Beiname *Table cloth Mountain*.

2. Künstliche Berge

2.1 Trümmerberge

Stadt	Trümmerbergbeiname
Berlin	Insulaner, Teufelsberg
Frankfurt	Monte Scherbelino
Köln	Monte Klamotte
München (Luitpoldhügel)	Scherbelberg
Paderborn	Monte Scherbelino
Pforzheim (Wallberg)	Monte Scherbelino
Stuttgart (Birkenkopf)	Monte Scherbelino
Mailand	Monte Stella

Nach dem Rotwelsch-Wort für zerbrochenen Ziegelstein (Klamotte) werden manche Trümmerberge Monte Klamotte genannt, so in Köln. Häufiger ist jedoch der Begriff *Monte Scherbelino*. So heißt etwa der Birkenkopf in Stuttgart, seit er in den 1950er Jahren durch die Ablagerung von 15 Millionen Kubikmeter Trümmerschutt der nahen Großstadt um 40 Meter auf 511 Meter Höhe wuchs. Noch heute sind in den langsam überwachsenden Trümmern Gebäudeteile zu erkennen. Auch die natürliche Erhebung Wallberg in Pforzheim wuchs in den 1950er Jahren durch Trümmerablagerung um über 40 Meter - auf eine Gesamthöhe von 418 m und wird, wie in Stuttgart, Monte Scherbelino genannt. Die einst von mittelalterlicher Architektur geprägte ‚Goldstadt' Pforzheim war im Zweiten Weltkrieg völlig zerstört worden. Der Wind wehte verkohltes Papier der brennenden Stadt bis zum Bodensee. Monte Scherbelinos, allerdings weniger hohe, gibt es auch in Paderborn und Frankfurt. In Berlin gibt es mehrere Trümmerberge, so den Teufelsberg und den Insulaner. Ein fast 50 m hoher Trümmerberg steht im flachen Mailand - der Monte Stella, auch Montagnetta (Berglein) genannt.

<u>2.2 Müllberge</u>

Müllberg	Beiname
Augsburg (Gersthofen)	Monte Scherbelino
Dortmund-Deusen	Deusenberg
Frankfurt Griesheim	Griesheimer Alpen
Fürth (Solarberg)	Monte Scherbelino, Tell Schutt
Hannover-Vahrenheide	Monte Müllo
Leipzig	Scherbelberg
Offenbach	Monte Scherbelino
Mönchengladbach-Rheydt	Monte Clamotte
New York Fresh Kills	Mount Garbage Mount Everest of Garbage
Rom, antiker Scherbenberg	Monte Testaccio

Der Scherbelberg im Leipziger Rosental ist ein Müllberg, der interessanterweise bereits im 19. Jahrhundert angelegt wurde. Noch älter ist der Monte Testaccio in Rom, ein Hügel, der vollständig aus Scherben von Gefäßen besteht, in denen in der Antike Getreide, Wein und Öl nach Rom gebracht wurde. Neuere Müllberge heißen, wie Trümmerberge, oft Monte Scherbelino, teilweise auch Monte Clamotte, Monte Müllo oder einfach *Alpen*.

Im flachen Hannover ist der Monte Müllo mit 122 m ü NN knapp vor dem Kronsberg die höchste Erhebung in der Stadt. Weil es auf Deponien zu natürlichen Senkungen kommt, könnte der Kronsberg allerdings langfristig wieder am Monte Müllo vorbeiziehen.

In New York wurde die 1948 eröffnete Deponie Fresh Kills auch *Mount Everest of Garbage* genannt. Sie war die größte Mülldeponie der Welt. Müll wurde mit Binnenschiffen auf diese am Meer gelegene Deponie gebracht. Im März 2001 wurde sie geschlossen, ein halbes Jahr später jedoch für die Aufnahme der Trümmer des World Trade Centers kurzzeitig wieder geöffnet.

2.3 Abraumhalden, Schlackenhalden

Berg	Beiname
Abraumberge	
Bottrop	Bottroper Alpen
Bochum-Hiltrop	Hiltroper Alpen
Castrop-Rauxel	Mengeder Alpen
Dortmund-Hacheney	Monte Schlacko
Dortmund-Hombruch	Kilimanschlacko
	Hombrucher Alpen
Ibbenbüren, Haldenberg	Monte Anthrazito
Oberhausen-Königshardt	Mount Mc Schlacko
Hirschau, Kaolinberg	Monte Kaolino
Kali-Abraumberge	
Bokeloh (Niedersachsen)	Kalimandscharo
Heringen (Hessen)	Kalimandscharo, Monte Kali
Neuhof-Ellers (Hessen)	Monte Kali
Zielitz (Sachsen-Anhalt)	Kalimandscharo
Aushubmaterial Tunnelbau	
Dresden-Kaitz	Kaitzer Alpen

Kaliabraumberge werden öfters Kalimandscharo genannt, so in Heringen/Nordhessen (auch Monte Kali), Zielitz (Sachsen-Anhalt) oder Bokeloh (Niedersachsen).

In Dortmund-Hombruch gibt es eine Schlackenhalde namens *Kilimanschlacko*. Im Ruhrgebiet werden Abraumberge öfters ‚Alpen' genannt, so die Hiltroper, Bottroper, Mengeder und Hombrucher Alpen.

In Dresden-Kaitz entstanden aus Aushubmaterial eines Tunnelbaues westlich der B170 die Kaitzer Alpen.

In der Oberpfalz gibt es als Besonderheit einen Kaolinberg, den Monte Kaolino, auf dessen Gipfel sogar ein Skilift führt.

3. Felsen, Schluchten und Höhlen

3.1 Loreley

Berg	Beiname
Brauseberg	Loreley der Mosel
Eisernes Tor	Loreley der Donau
Jochenstein	Donau-Loreley
Porta Bohemica	Loreley der Elbe

Loreley ist ein 125 m hoch aufragender Schieferfelsen im oberen Mittelrheintal. Der Rhein umfließt diesen Ostuferfelsen in einer engen Schleife. Zudem ist Loreley der Name einer legendären Nixe auf diesem Felsen, die durch ihren Gesang und das Kämmen ihres langen goldenen Haares Schiffer so ablenkte, dass sie nicht auf die gefährliche Strömung achteten und mit ihren Schiffen am Felsriff zerschellten.

Der Brauseberg bei Cochem, wird Loreley der Mosel, bzw. *Brauseley* genannt.

Der Jochensteinfelsen in Oberösterreich gilt als *Loreley der Donau*. Dieser Felsen ragt als Insel aus der Donau. Hier hatte der Sage nach die Nixe Isa ein Felsenschloss. Bei Nebel wurden die Schiffer von Isa gewarnt, sie wies ihnen sogar den Weg. Doch in Vollmondnächten verwirrte die Nixe mit ihrem Gesang die Schiffsleute, was manchem zum Verhängnis wurde.

Als weitere Loreley der Donau, aber mehr im Felsen-Sinne, als im Sinne einer sagenhaften Nixe, gilt der Badacay-Felsen am Flussabschnitt Eisernes Tor an der serbisch-rumänischen Grenze. Der Felsen ist durch die aufgestaute Donau weitgehend im Wasser verschwunden. Doch auch zu diesem Felsen gibt es eine Legende. Hier ließ der türkische Sultan einst eine untreue Haremsfrau mit den Haaren an einem Felsen festbinden. Badacay heißt zu deutsch ‚Ich bereue‘.

<u>3.2 Ayers Rock/Uluru</u>

Berg	Beiname
Mount Conner	Fooluru
Mount Arapiles	Victoria's Uluru
Rocha da Pena	Portugiesischer Ayers Rock

Der Uluru ist ein Sandstein-Inselberg in der Wüste Zentralaustraliens. 1873 vom britischen Naturforscher William Gosse als erstem Europäer entdeckt, wurde er von diesem nach dem damaligen südaustralischen Premier *Ayers Rock* benannt. Heute wird eher der Aborigine-Name Uluru, was ‚Schatten spendender Platz' bedeutet, genutzt. Der Uluru liegt im 1325 km^2 großen Uluru-Kata-Tjutu-Nationalpark, welcher zum UNESCO Weltnaturerbe gehört.

100 km östlich des Uluru liegt der 300 m hohe Mount Conner (Aborigine-Name: Attila). Da der Mount Conner trotz seiner völlig unterschiedlichen Geologie vage dem Uluru ähnelt und an der Straße liegt, die zum Uluru führt, glauben wenig ortskundige Touristen, bereits den Uluru vor sich zu haben. Der Mount Conner trägt deshalb den Spitznamen *Fooluru*.

Die Felsformation Mount Arapiles im Westen des australischen Bundesstaates Victoria ähnelt ebenfalls vage dem Uluru. Der Mount Arapiles wird deshalb auch *Victoria's Uluru* genannt.

In Europa ist die Bezeichnung Ayers Rock noch heute bekannter als Uluru. Der Karstberg Rocha da Pena der Algarve Portugals wird deshalb als Portugiesischer Ayers Rock bezeichnet (und nicht etwa als Portugals Uluru).

Eher selten wird der spektakuläre Fjord Milford Sound als *Uluru Neuseelands* bezeichnet.

3.3 Grand Canyon

Schlucht	Beiname
Breitachklamm	Schwäbischer Grand Canyon
Oberes Donautal	Schwäbischer Grand Canyon
Talkessel bei Thale	Grand Canyon im Harz
Wutachschlucht	Grand Canyon des Schwarzwaldes
Ruinaulta	Grand Canyon der Schweiz
Verdon-Schlucht	Grand Canyon du Verdon Europäischer Grand Canyon
Matka	Mazedoniens Grand Canyon
Vorotan Canyon	Armeniens Grand Canyon
Waimea-Canyon (Hawaii)	Grand Canyon des Pazifiks
Fish River Canyon	Grand Canyon Afrikas
Copper Canyon	Grand Canyon Mexikos
Kappadokien	Grand Canyon der Türkei
Cappertree Valley (Blue Mountains)	Australia's Grand Canyon
Letchworth State Park	Grand Canyon of the East
Lumpkin	Georgia's Little Grand Canyon
Pine Creek Gorge	Grand Canyon of Pennsylvania
Palo Duro Canyon	Texas Grand Canyon

Die bekannteste Schlucht weltweit ist der 450 km lange Grand Canyon im US-Bundesstaat Arizona. Bereits 1908 zum US-Nationalpark erklärt wurde der Grand Canyon 1979 in die Liste des Weltnaturerbes aufgenommen.

Mehr als ein Dutzend Schluchten weltweit tragen den Beinamen Grand Canyon. In Deutschland sind es beispielsweise die Wutachschlucht als *Grand Canyon des Schwarzwaldes* und der Thale-Talkessel als *Grand Canyon im Harz*. In der Schweiz wird die Ruinaulta Rheinschlucht in Graubünden mit dem Grand Canyon verglichen. Am nächsten kommt dem US-Original in Europa jedoch die Verdon-Schlucht in Südfrankreich, auch *Grand Canyon Europas* genannt.

Höhle	Beiname
Attendorfer Tropf-steinhöhle (Atta-Höhle)	Königin der Höhlen
Altamira (Spanien)	Sixtinische Kapelle der Steinzeitkunst
Lascaux (Frankreich)	Sixtinische Kapelle der Vorgeschichte
Devèze (Frankreich)	Palast der Glasbläser
Domme (Frankreich)	Akropolis des Perigord
Cocalière (Frankreich)	Diamantenhöhle
Dargilan (Frankreich)	Rosa Grotte
Cueva de los Cristales (Mexico)	Sixtinische Kapelle der Kristalle, Höhle der Schwerter
Meramec Caverns	America's favorite cave
Rouffignac (Frankreich)	Höhle der 100 Mammuts
Red Flute Cave (China)	Palast der natürlichen Kunst
Soplao-Höhle (Spanien)	Kathedrale der Geologie

Die Sixtinische Kapelle im Vatikan ist durch Wandmalereien wichtiger Renaissancekünstler und besonders die Deckenmalereien Michelangelos bekannt. Höhlen mit Wandmalereien aus der Vorgeschichte, wie Altamira in Spanien oder Lascaux in Frankreich, werden deshalb beinamemäßig mit der Sixtinischen Kapelle verglichen. In einer Höhle in Rouffignac finden sich etliche steinzeitliche Mammutdarstellungen, sie wird deshalb *Höhle der 100 Mammuts* genannt. In der Kristallhöhle in Mexiko schuf die Natur eindrucksvolle Kunstwerke. Sie wird darum *Sixtinische Kapelle der Kristalle* genannt. Ein anderer Beiname ist wegen den langen spitzen Kristallen *Höhle der Schwerter*. Kristalle verhalfen der Cocalière-Höhle in Frankreich zum Beinamen *Diamantenhöhle*. Die Formationen in der Devèze-Höhle erinnern hingegen an die Arbeit von Glasbläsern, deshalb führt sie einen entsprechenden Beinamen.

4. Wüsten

4.1 Sahara

Landschaft	Beiname
Kurische Nehrung	Baltische Sahara Ostpreußische Sahara
Naturpark Dahme Heidessen	Bugker Sahara
Dünen von Leba	Sahara Polens
Dünen bei Vliehors (NL)	Niederländische Sahara
Loonse-Dünen (NL)	Brabanter Sahara
Dünen von Lommel	Belgische Sahrara Lommel'sche Sahara
Lencoi Maranhenses Nationalpark	Brasilianische Sahara

Sahara steht für viel Sand und deshalb wurde die heute zu Litauen gehörende Kurische Nehrung mit ihren riesigen Sanddünen früher auch *ostpreußische Sahara* genannt. Entsprechend gilt die Dünenlandschaft westlich von Leba (einst zu Pommern gehörend) als *Sahara Polens*, die Dünen bei Vliehors auf der Insel Vlieland als *Niederländische Sahara* oder *Sahara des Nordens*. Auch im Binnenland gibt es Sand. Engels nannte die Lüneburger Heide `Norddeutsche Sahara´ (wegen ihrer vielen Vergnügungsparks gilt sie heute, vor allem Soltau, auch als *Orlando Europas*). Die Dünen bei Loonse im niederländischen Brabant werden *Niederländische Sahara* genannt und eine benchbarte Sand- und Dünenlandschaft bei Lommel in der Region Limburg gilt den Belgiern als *Belgische* oder *Lommel'sche Sahara*.
Andere Wüsten fungieren nur selten als Beinamengeber.
Als das Medienparkgelände außer dem Cinedom noch wenig Bebauung aufwies, wurde es im Kölner Volksmund als *Wüste Gobi* verspottet.

5. Inseln

<u>5.1 Hawaii</u>

Insel	Beiname
Fehmarn	Hawaii Deutschlands
Kanarische Inseln	Hawaii Europas
Lanzarote	Hawaii Europas
Fuerteventura	Hawaii Europas
Madeira (einzelne Strände)	Hawaii Europas
Sardinien	Hawaii Europas
Okinawa	Hawaii Japans
Fernando de Noronha	Hawaii Brasiliens
Hainan	Hawaii Chinas
Cehju	Hawaii Koreas
Réunion	Hawaii des Indischen Ozeans

Hawaii ist ein relativ häufig auftretender Inselbeiname, es steht für tropische Atmosphäre und gute Surfbedingungen. Die im Südchinesischen Meer gelegene Insel Hainan gilt wegen ihres tropischen Klimas als das *Hawaii Chinas*. Heute kann Hainan auch als *Florida Chinas* gelten, ist wegen seiner äquatornahen Lage Standort einer Abschussbasis für Satelliten.

Okinawa wird oft als Hawaii Japans gesehen.

Als Hawaii Brasiliens gilt Fernando de Noronha, wegen aus Naturschutzgründen zahlreicher Einschränkungen für Touristen auch ‚Insel der Verbote‘ genannt.

Hawaii steht auch für ein optimales Surfrevier. Mehrere Kanarische Inseln werden wegen guter Windverhältnisse *Hawaii Europas* genannt, so Fuerteventura (zu deutsch: starke Winde). Auch zwei Stellen auf Madeira (Paul do Mar und Radim do Mar) werden so genannt.

Bei Kitesurfern beliebt ist auch die Ostseeinsel Fehmarn, auch *Hawaii Deutschlands* genannt.

☞ Der Ort Kitmöller im Nordosten Dänemarks wird wegen seiner Windverhältnisse auch ‚*kaltes Hawaii*‘ genannt (eine Insel ist er aber nicht).

5.2 Capri

Insel	Beiname
Bornholm	Capri des Nordens
Rügen	Capri des Nordens
Hiddensee	Capri des Nordens Capri des Ostens
Helgoland	Capri des Nordens
Ona (Norwegen)	Capri des Nordens
Ponza	Capri Roms

Die 10 km² große im Golf von Neapel gelegene Felseninsel Capri ist eine der bekanntesten Inseln des Mittelmeeres und ein wichtiger Insel-Beinamengeber. Während für die italienische Insel Ponza der Beiname Capri Roms noch gerechtfertigt erscheint, drücken die vielen Capris des Nordens eher die Südsehnsucht Nordeuropas aus, als den wahren Inselcharakter. Manche dieser Bezeichnungen gingen auf Schriftsteller zurück. So nannte Gerhart Hauptmann Hiddensee *Capri des Nordens,* während Theodor Fontane (nach anderen Quellen war es Adalbert von Chamisso), Rügen so nannte. Immerhin ist es in der Ostsee im Sommer relativ sonnig, weshalb Inseln wie Rügen, Hiddensee und Bornholm auch Sonneninseln genannt werden. Hiddensee war andererseits im kalten Winter 2009/2010 eingefroren, was beim Original undenkbar wäre. Die norwegische Insel Ona, ebenfalls *Capri des Nordens* genannt, wurde 1670 durch eine riesige Flutwelle überroll, die fast alle Häuser und Einwohner ins Meer spülte. Auch das wäre im richtigen Capri mit seinen hoch über dem Meer gelegenen Siedlungen im zudem ruhigen Mittelmeer nicht denkbar.

<u>5. 3 Mallorca</u>

Insel/Strand	Beiname
Sylt	Mallorca des Nordens
Wolin (Polen)	Mallorca des Ostens
Hainan	Mallorca des Ostens
Bulgarien, Goldstrand	Mallorca des Ostens
Krim	Mallorca des Ostens
Phuket	Mallorca des Ostens
Okinawa	Mallorca der Japaner

Mallorca, von den Deutschen salopp auch *Malle* oder *17. Deutsches Bundesland* genannt, gilt als Lieblingsinsel der Deutschen. Mehr als 20 000 deutsche Residenten leben hier dauerhaft. Mallorca gilt vor allem in deutschsprachigen Medien als Inselmaßstab. Attraktive Inseln mit lebhaftem Tourismusangebot werden gelegentlich als ‚Mallorca von..‘ bezeichnet. Die schnieke Insel Sylt gilt manchen als *Mallorca des Nordens*. Die polnische Ostseeinsel Wolin wurde vom SPIEGEL einmal als Mallorca des Ostens bezeichnet.

Auch Hainan, das Hawaii Chinas wurde in deutschsprachigen Medien bereits als Mallorca (Chinas) bezeichnet. Weitere Mallorcas im Osten sind die ukrainische Halbinsel Krim (dort vor allem Kazantip) und der Goldstrand in Bulgarien (allerdings keine Insel). Auch die thailändische Touristeninsel Phuket wird gelegentlich als Mallorca des Ostens bezeichnet. Die japanische Inselgruppe Okinawa wird manchmal in deutschen Medien als Mallorca Japans bezeichnet. International spricht man jedoch eher, dem tropischen Klima entsprechend, vom *Hawaii Japans*.

5.4 Andere Inseln

Insel/Halbinsel	Beiname
Halbinsel Darß	Sylt des Ostens
Usedom	Sylt des Ostens
Hiddensee	Sylt des Ostens
Spiekeroog	Sylt Ostfrieslands
Hvar	Madeira Kroatiens
Pag (Novalja)	Ibiza Kroatiens

Noch stärker als Mallorca (Ballermann) steht Ibiza für eine Partyinsel. Kazantip auf der Halbinsel Krim wird deshalb auch *Ibiza des Ostens* genannt. Als *Ibiza Kroatiens* gilt die Insel Pag. Hvar wird wiederum wegen seines ausgeglichenen Klimas auch *Madeira Kroatiens* genannt.

In der Ostsee werden manche Inseln (außer mit Capri) auch mit Sylt verglichen. Sowohl Usedom als auch die Halbinsel Darß wurden bereits als *Sylt des Ostens* bezeichnet.

Die zwischen Langeoog und Wangerooge gelegene ostfriesische Insel Spiekeroog ist autofrei und gibt Naturschutzbelangen dem Vorrang vor dem Wachstum des Fremdenverkehrs. Dadurch wird sie tendenziell auch exklusiver und manche sehen sie auf dem Weg zu einem *Sylt Ostfrieslands*, wofür auch der eher nordfriesische Baustil spricht Dafür ist die Insel aber mit einer Einwohnerzahl von 780 und einer Fläche von 18 km^2 zu klein. Spiekeroog wird deshalb einfach Spiekeroog bleiben.

5.5 Sonneninsel

Land	Sonneninsel
Deutschland	Fehmarn Rügen Usedom
Dänemark	Bornholm
Schweden	Gotland Öland
Frankreich	Ile de Ré
Griechenland	Rhodos Thassos
Italien	Capri
Kroatien	Rab
Portugal	Santa Maria (Azoren)
Spanien	Teneriffa
Russland	Olchon (Baikalsee)
Karibik	Grenada

In der Ostsee sind im Sommer die Tage sehr lang und, weil abseits von Atlantikwinden gelegen, oft erstaunlich sonnig. Etliche Ostseeinseln werden deshalb auch, teilweise aus Marketinggründen, *Sonneninseln* genannt.

Im ohnehin sonnigen Griechenland nennen sich nur Rhodos und das gar nicht besonders sonnige Thassos (vielleicht deswegen) Sonneninsel. In Russland gilt Olchon im Baikalsee mit seinen langen sonnigen Sommertagen als Sonneninsel. In Frankreich wird die Atlantikinsel Ile de Ré so genannt, obwohl Franreichs Mittelmeerinseln sonniger sind. Grund ist hier ebenfalls die Imagepfelge, denn bei Atlantikinseln ist es nötiger den Sonnenreichtum zu betonen, als bei Mittelmeerinseln.

5.6 Grüne Insel

Land	Sonneninsel
Deutschland	Föhr
	Spiekeroog
Griechenland	Korfu
	Naxos
	Rhodos
	Thassos
Irland	Irland
Italien	Ischia
	Salina
Kroatien	Rab
Malta	Gozo
Portugal	Santa Maria (Azoren)
Spanien	La Palma
	La Gomera
Karibik	Grenada

In Griechenland gibt es mehr grüne Inseln als Sonnen-inseln, denn sonnig ist es in Griechenland überall, während niches extra betont werden muss, wenn eine Insel grün ist. Korfu bekommt mehr Niederschläge ab als die Ägäisinseln und gilt deshalb als relativ grün. In Thassos sorgt die Nordlage für ausreichend Nieder-schläge. Auf Rhodos fangen relativ hohe Berge Regen ein. Naxos verfügt ebenfalls über Höhenzüge, die Wolken zum abregnen bringen lassen.

Malta ist dagegen so trocken, dass es als einziges EU Land keine Flüsse hat. Ein wenig feuchter ist es auf der Nachbarinsel Gozo, die prompt *grüne Insel* genannt wird. Unter den Kanareninseln gelten La Palma und La Gom-era als am grünsten.

5.7 Weiße Insel, Goldene Insel

Land/Region	Insel
Weiße Insel	
Frankreich	Ile de Ré
Griechenland	Aspronisi
	Mykonos
	Lefkos
Spanien	Ibiza
Spitzbergen	Kvitoya
Goldene Insel	
Frankreich	Hyères-Inseln
Griechenland	Chrissi
Kroatien	Krk
	Drvenik Veli
	Sipan
	Zlarin
Portugal	Porto Santo (bei Madeira)

Weiß werden Inseln aus verschiedenen Gründen genannt. In Mykonos und auf Ibiza ist es die weiße Farbe der Häuser, die zu diesem Beinamen führt. Auf der französischen Ile de Ré ist es der helle Sand und auf der in der Arktis gelegenen Spitzbergen-Insel Kvitoya ist es der Schnee, der ihr zum Attribut weiß verhilft.

Warum Inseln golden genannt werden, ist weniger klar. Teilweise liegt es am fast goldfarbenen Sand, teilweise daran, dass wenig von Vegetation bedeckte Inseln im blauen Mittelmeer goldfarben erscheinen. Manchmal wird golden auch im übertragenen Sinne verwendet. Gerade in slawischen Sprachen wird das Attribut golden häufiger verwendet. In Kroatien werden gleich vier Inseln als golden bezeichnet.

5.8 Weitere Farben

Land	Sonneninsel
Helgoland	Rote Insel
Crvani Otok (Kroatien)	Rote Insel
Pag (Kroatien)	Rote Insel
Lanzarote	Rote Insel
Kizilada	Rote Insel
Madagaskar	Rote Insel
Pantelleria (Italien)	Schwarze Insel
Korcula (Kroatien)	Schwarze Insel
Lanzarote (Spanien)	Schwarze Insel
Fuerteventura	Braune Insel
Faial (Azoren)	Blaue Insel
Terceira	Lila Insel

Wegen seiner roten Felsen wird Helgoland auch die *Rote Insel* genannt. Madagaskar, auch 8. Kontinent genannt, wurde hingegen erst in den letzten Jahrzehnten durch von Urwaldrodung ausgelöster Erosion, die den roten, eisenhaltigen Lateritboden freigelegt hat, zur *Roten Insel*. Vulkanische Aktivitäten mit schwarzen Lavaströmen machen hingegen manche Eilande zu *schwarzen Inseln*.

Aus ähnlichen Gründen wird Fuerteventura *braune Insel* genannt. Beispiele dafür sind Pantelleria und Lanzarote. Korcula wird hingegen wegen der dichten Kiefernwälder mit ihren dunklen Kronen *schwarze Insel* genannt.

Die Azoreninsel Faial wurde dagegen vom portugiesischen Poeten Raul Brandao *blaue Insel* genannt und diesen Beinamen trägt sie noch heute. Hier blühen viele blaue Blumen, die Häuser sind mit blauen Kacheln dekoriert und die Straßenmarkierungen sind ebenfalls blau. Die Azoreninsel Terceira badet allabendlich in einem herrlichen lilafarbenen Sonnenuntergang und wird deshalb *lila Insel* genannt.

5.9 Honig- und Bieneninseln

Insel	Beiname
Malta	Honiginsel
Mljet	Insel der Bienen, Honiginsel
Thassos	Honiginsel, Bieneninsel
Ilha do Mel (Bras.)	Honiginsel

Etliche Inseln werden Bienen- oder Honiginsel genannt. Mittelmeerinseln mit ihren langen Blütezeiten bieten Bienen viel Nahrung und oft wenig Fressfeinde Der Honig hat sich sogar im Namen Maltas niedergeschlagen. Denn Malta leitet sich vom griechischen Melita (= Honig) ab, so nannten die Römer die Insel. In der arabischen Epoche wurde die Honigproduktion auf der Insel stark ausgebaut, denn das Nahrungsangebot auf dem kargen Eiland ist beschränkt. Das griechische Wort für Honig scheint auch im Namen der kroatischen Insel Mljet durch. Schon die Geschichtsschreiber des alten Griechenlands erwähnten die Honigproduktion auf dieser Insel. Zahlreiche Bienenstöcke finden sich auch auf der nordgriechischen Insel Thassos, die deshalb ebenfalls Honiginsel genannt wird. Thassos ist übrigens eine der an Beinamen reichsten Inseln, denn sie wird zudem Bieneninsel, grüne Insel, Marmorinsel und Sonneninsel genannt.

Brasiliens Honiginsel Ilha do Mel trägt eigentlich keinen Beinamen, denn sie heißt offiziell so. Die Bezeichnung wurde wohl im übertragenen Sinne gemeint, denn Honig gibt es hier kaum.

5.10 Deutsche Inseln

Insel	Beiname
Baltrum	Dornröschen der Nordsee Baldrum
Juist	Zauberinsel
Borkum	Grüne Insel
Wangerooge	Die Schöne
Helgoland	Fusel-Felsen
Sylt	Insel der Reichen, Insel der Nackten Königin der Nordsee
Fehmarn	Goldene Krone im blauen Meer
Usedom	Badewanne der Berliner
Hiddensee	Künstlerinsel

Nordsee

Der Tourismus auf der kleinen Insel Baltrum entwickelte sich etwas später als auf den übrigen Ostfriesischen Inseln. Deshalb galt Baltrum einst als das *Dornröschen der Nordsee.* Weil sie so klein ist, dass man bald um sie rumgelaufen ist, sagen die Ostfriesen zur Insel auch Baldrum.

Juist gilt den Friesen wiederum als *Töwerinsel*, als *Zauberinsel* und noch heute verzaubert die einzigartige Ruhe der autofreien Insel Touristen.

Sowohl Borkum als auch Langeoog werden wegen ihrer Vegetation *Grüne Insel* genannt. Wangerooge gilt wiederum als *die Schöne* der Ostfriesischen Inseln.

Helgoland gehört administrativ zum Kreis Pinneberg und damit zu Schleswig-Holstein, doch Teil des Zollgebietes der EU oder des deutschen Steuergebietes ist die Insel dennoch nicht. Wegen der Butterfahrten mit zollfreiem Einkauf von Spirituosen in Duty Free Shops wird Helgoland auch als *Fusel-Felsen* bezeichnet.

Edler geht es dagegen auf Sylt zu, der *'Königin der Nordsee'*. Mit Mallorca gilt Sylt als *Lieblingsinsel der Deutschen*. Sylt gilt zudem als *Insel der Reichen* und seit 1920 (erster FKK Strand) als *Insel der Nackten*.

In Norddeutschland wird die tobende Nordsee bei Sturmflut 'der Blanke Hans' genannt. Der Amrumer Sachbuchautor Georg Quedens (*1934) veröffentlichte 2004 das Inselbuch *'Amrum. Die Geliebte des Blanken Hans'*.

Ostsee

Fehmarn bietet in der sonst eher ruhigen Ostsee gute Windbedingungen und gilt Surfern deshalb und wegen der vielen Sonnenstunden als *Hawaii Deutschlands*. Manchmal wird Fehmarn auch als *Goldene Krone im blauen Meer* bezeichnet. Denn eine Fahne mit goldener Krone auf blauem Grund (seit 1580 Lehnsfahne der Insel) weht vor vielen Häusern. Zudem scheint die Insel in manchen Monaten mit ihren gelben Rapsfeldern einer goldenen Krone im blauen Meer zu gleichen. Fehmarn wird von Einheimischen zudem als *6. Kontinent* gesehen. Mit seinen weißen Sandstränden und dem schönen Sommerwetter gilt Usedom als *Badewanne der Berliner*. Mediterran inspirierte Sommervillen machten Anfang des 20. Jahrhunderts den Usedomer Badeort Heringsdorf zum *Nizza des Nordens*.

So wie Usedom und Poel wird Rügen manchmal *Sonneninsel* genannt, auch *Badewanne der Berliner* sagt man zu Rügen (wie zu Usedom) manchmal.

Hiddensees Mischung aus reizvoller Landschaft und verkehrs- und menschenarmer Stille ohne Kurhäuser und Promenaden zog nach 1900 etliche Schriftsteller, Maler und Schauspieler an, darunter den Dichter Gerhart Hauptmann (1862-1946). Die Insel kam so zum Beinamen *Künstlerinsel*. Ihren Einwohnern gilt die Insel dagegen als *dat söke Länneken*, das süße Ländchen also.

Insel	Beiname
Niederlande	
Ameland	Wattendiamant
Schiermonnikog	Insel der grauen Mönche
Texel	Niederlande im Kleinen Vogelinsel
Vlieland	Perle des Wattenmeeres
Britische Inseln	
Anglesey	Mutter von Wales Energieinsel (Energy Island)
Arran	Schottland im Kleinen
Man	Road Racing Capital of the World Schatzinsel (Treasure Island)
Skye	Geflügelte Insel Neblige Insel (Misty Island)
Wight	Dinosaur Island

Etliche niederländische Inseln haben Beinamen. Ameland gilt als besonders schön, deshalb der Beinamen *Watten-diamant*. Texel gilt als *Niederlande im Kleinen*.
Schiermonnikog, ihr Name bedeutet *Insel der grauen Mönche (schier=grau, kog=Insel)*, denn um 1200 wurde die Insel von Mönchen des Zisterzienserklosters Claerkamp im friesischen Dokkum besiedelt, heißt auf friesisch auch *Lytje Pole, kleine Insel* also.
Die Insel Man wird wegen der dort stattfindenden Motorradrennen auch *Road Racing Capital of the World* genannt. Auf der südenglischen Insel Wight wurden im Jahr 1992 Dinosaurierknochen gefunden, scither hat Wight den Beinamen *Dinosaur Island*. Die Insel Arran ist wiederum ist so vielfältig, dass sie *Schottland im Kleinen* genannt wird.

5.12 Dänemark

Insel	Beiname
Arö	Perle der dänischen Südsee
Bornholm	Sonneninsel
Fünen	Dänemarks Grünes Herz Garten Dänemarks, Blumeninsel Märcheninsel
Langeland	Insel der 15 Hügel, 15 Mühlen
Mön	Schwester von Rügen
Seeland	Insel der dänischen Könige

Die schlossreiche dänische Hauptinsel Seeland wird auch *Insel der dänischen Könige* genannt. Allein in der Stadt Roskilde sind 38 dänische Könige und Königinnen begraben.

Bornholm gilt dagegen als *Sonneninsel* und als *Perle der Ostsee*. Als Garten Dänemarks gilt neben Fünen wegen der Apfelbäume auch die Insel Fejö. Ärö ist wiederum die *Perle der dänischen Südsee*. Mön gilt mit seinen Kreidefelsen als *Schwester von Rügen*. Dem Königstuhl von Rügen setzt Mön einen *Königinnenstuhl* entgegen.

Die dänische Insel Fünen hat zahlreiche Beinamen. Fünen wird *Dänemarks Grünes Herz* aber auch *Garten Dänemarks* und *Blumeninsel* genannt wird. Weil Hans Christian Andersen (1805-1875) in Fünens Hauptstadt Odense geboren wurde, gilt Fünen auch als *Märcheninsel*. Ein weiterer Beiname der Insel ist *Land der Herrensitze*.

Langeland hat eine besondere Beziehung zur Zahl 15. Langeland gilt als *Insel der 15 Hügel, der 15 Mühlen, der 15 Kirchspiele* und *der 15 Bauernhöfe*.

Insel	Beiname
Gotland	Sonneninsel Schwedens
Öland	Perle Schwedens Insel der Sonne und der Winde Steppeninsel

Die schwedische Insel Öland wird auch *Perle Schwedens* und *Insel der Sonne und der Winde* genannt. Einerseits hat sie, geschützt vor feuchten Atlantikluftmassen, ein relativ sonniges, trockenes Klima, andererseits bläst hier ein stetiger Wind. Wind und Meer haben der Insel zudem ihre Form gegeben. Wegen der weltgrößten Kalksteppe wird Öland auch *Insel der Steppe* genannt. Auf der 1340 km^2 großen Insel leben 25 000 Menschen, im Sommer schwillt die Zahl durch Touristen jedoch auf 500 000 an.

Auch die schwedische Insel Gotland (57 000 Einwohner, etwa 3000 km^2) hat ein sonniges Klima und wird deshalb *Sonneninsel Schwedens* genannt. Gotlands Hauptstadt Visby (22 000 Einwohner), welche auf der UNESCO-Liste des Weltkulturerbes verzeichnet ist, wird auch *Stadt der Rosen* bzw. *Stadt der Rosen und Ruinen* genannt.

☞: Durch Eismassen in der Eiszeit einst nach unten gedrückt, befindet sich die Landmasse Skandinaviens immer noch in einem langsamen isostatischen Hebungsprozess. Jedes Jahr steigt die Küste etwa 1 cm aus dem Meer. Dadurch steigen immer wieder neue Inseln aus dem Meer empor und die Landfläche Schwedens wächst jedes Jahr um mehrere Quadratkilometer.

5.14 Griechenland

Insel	Beiname
Astypalea	Schmetterlingsinsel
Chios	Duftende Insel Früher: Insel der Glückseligen
Delos	Heilige Insel
Euböa	Schmuckkästchen Griechenlands
Ithaka	Insel des Odysseus
Kalymnos	Insel der Schwammtaucher
Korfu	Grüne Insel, Smaragdinsel
Kos	Strandparadies Griechenlands
Kreta	Insel der Götter, Kreideinsel
Lefkas	Weiße Insel
Mykonos	Insel der Winde
Pontikonissi	Mäuseinsel (Teil von Rhodos)
Rhodos	Roseninsel, Sonneninsel
Symi	Insel der Schwammtaucher Portofino der Griechen
Thassos	Grüner Smaragd der nördlichen Ägäis Goldene Insel Honiginsel, Bieneninsel
Zakynthos	Blume der Levante

Zu Griechenland gehören nach Wikipedia mehr als 3000 Inseln, nach manchen Zählungen sogar über 6000. Die meisten davon sind jedoch nicht bewohnt, nur 227 sind dauerhaft bewohnt und nur 78 zählen mehr als 100 Einwohner. Oft beziehen sich Beinamen griechischer Inseln auf Farben, mehrere gelten wegen ihrer Vegetation als grüne Inseln. Mykonos verhilft das örtliche Wetter zum Beinamen *Insel der Winde*. Bei der Sporadeninsel Astypalea ist es ihre Form, die den Beinamen Schmetterlingsinsel erklärt. Auf Delos sollen der Sage nach Artemis und Apoll geboren worden sein, deshalb galt die Insel einst als heilig.

5.15 Italien

Insel	Beiname
Elba	Grüner Garten im blauen Meer Perle des Mittelmeers, Eiseninsel
Ischia	Grüne Insel, Garten Eden
Lampedusa	Sonneninsel, Italienische Tropen
Panarea	Süße Insel
Pantelleria	Schwarze Insel
Pianosa	Teufelsinsel
Ponza	Capri Roms
Salina	Grüne Insel
San Biagio	Haseninsel (im Gardasee)
Sizilien	Küche Gottes, Dreizack
Sardinien	Insel der Winde, Spielplatz der Reichen Insel des Schweigens
Stromboli	Leuchtturm des Mittelmeers
Toskanischer Inselarchipel	Schönste Kinder der Toskana
Tropea	Perle Kalabriens

Die pelagische Insel Lampedusa liegt bereits so nah an Afrika, dass sie *italienische Tropen* oder auch *Sonneninsel* genannt wird. Die Nähe zur afrikanischen Küste zeigt sich auch in den vielen Flüchtlingsbooten die hier landen. Weiter nördlich liegt Sizilien, wegen der Form mit ihren 3 Kaps (Peloroa, Lilibeo und Passero) auch Trinakria (Dreizack) genannt. Ein anderer Beiname Siziliens ist ‚Küche Gottes‘. Sardinien dagegen ist die *Insel der Winde* und an der Costa Smeralda auch ein *Spielplatz der Reichen*. Ein anderer Beiname Sardiniens ist ‚*Insel des Schweigens*‘. Elba ist als *Perle des Mittelmeers*, als *grüner Garten im blauen Meer* und wegen Erzvorkommen auch als *Eiseninsel* bekannt.

5.16 Spanien und Portugal

Insel	Beiname
Spanien	
Mallorca	Malle 17. Bundesland
Ibiza	Weiße Insel
Menorca	Perle des Mittelmeeres
Kanaren	Inseln des Ewigen Frühlings, Sieben glückliche Inseln
Lanzarote	Schwarze Perle der Kanaren
La Palma	Schöne Insel, Grüne Insel
Fuerteventura	Europäisches Hawaii
Portugal	
Graciosa	Weiße Insel
Faial (Azoren)	Blaue Insel
Madeira	Schwimmender Garten des Atlantik, Insel des ewigen Frühlings, Blumeninsel
Santa Maria	Sonneninsel
Sao Miguel	Grüne Insel
Sao Jorge	Dracheninsel
Terceira	Lila Insel

Mallorca, die Lieblingsinsel der Deutschen, wird von ihnen auch salopp *Malle* genannt. Ein anderer Beiname ist wegen der vielen deutschen Residenten *17. Bundesland*. Die benchbarte *Partyinsel* Ibiza gilt hingegen wegen der weißen Häuser als *Weiße Insel* und. So wird auch die Azoreninsel Graciosa genannt. Zu den Azoren gehört auch eine *Blaue Insel* (Faial) und eine *Lila Insel* (Terceira). Die Kanarischen Inseln und Madeira wegen ihres Klimas als *Inseln des Ewigen Frühlings*.

5. 17 Kroatien, Türkei, Zypern

Insel	Beiname
Kroatien	
Brac	Vorgarten von Split
Dugi	Lange Insel
Galesnjak	Insel der Liebenden
Hvar	Lavendelinsel Madeira Kroatiens
Ilovik	Blumeninsel
Korcula	Schwarze Insel
Krk	Kontinent Goldene Insel
Mljet	Insel der Bienen, Honiginsel
Pag	Ibiza Kroatiens
Rab	Grüne Insel
Unije	Blumeninsel
Vis	Verbotene Insel
Türkei	
Sedir	Kleopatras Insel
Zypern	
Zypern	Insel der Aphrodite Friedhof der Diplomaten

Kroatien wird auch *Land der tausend Inseln* genannt. Entsprechend gibt es auch viele Inseln, die Beinamen tragen. Pag gilt wegen seines Nachtlebens als *Ibiza Kroatiens*, Hvar wegen seines ausgeglichenen Klimas hingegen als *Madeira Kroatiens*. Brac liegt so nahe an Split, dass es als dessen *Vorgarten* gesehen wird.

Krk, die Goldene Insel, ist wiederum so vielfältig, dass es *Kontinent* genannt wird.

Auf der türkischen Insel Sedir soll einst Antonius für Kleopatra ein Liebesnest gebaut haben. Sogar Sand soll dafür aus Ägypten beschafft worden sein. Diese Legende verhilft dem Eiland zum Beinamen *Kleopatra-Insel*.

Insel	Beiname
Kanada	
Prince Edwards Insel	Garden of the gulf Million acre farm Spud Island
Sable Island	Friedhof im Atlantik
USA	
Ellis Island	Island of tears
Angel Island	Ellis Island of the West
Hawaii	Big Island
Kauai (Hawaii)	Garden Island
Niihau (Hawaii)	Verbotene Insel
Oahu (Hawaii)	The Gathering Place

In Kanada hat die Prince Edward Island, die kleinste Provinz des Landes, verschiedene Beinamen. Sie wird unter anderem Garten im Golf, Millonen Acre-Farm oder wegen des Kartoffelanbaus Knolleninsel (Spud Island) genannt.

Die Sable Island vor Nova Scotia heißt wegen ihrer säbelartigen Form so. Bevor es moderne Navigation gab und vor der Errichtung zweier Leuchttürme im Jahr 1872, strandeten hier viele Schiffe. Die Insel wurde deshalb (Schiffs-)*Friedhof im Atlantik* genannt.

Die vor New York gelegene Hudsoninsel Ellis Island war lange die zentrale Sammelstelle für Einwanderer in die USA. Insgesamt 12 Millionen Immigranten wurden hier im Laufe der Jahrzehnte durchgeschleust. Sie wurde wegen der Freudentränen auch *Island of tears* genannt. 1990 wurde die Insel zum Museum. Als *Ellis Island of the West* wird die in der Bucht von San, Francisco gelegene Angel Island bezeichnet. Zwischen 1910 und 1940 wurden im Sammellager der Insel 175 000 chinesische Immigranten aufgenommen.

5.19 Asien

Insel	Beiname
Bohol	Juwel der Philippinen
Hashima (Japan)	Schlachtschiff-Insel
Okinawa (Japan)	Hawaii Japans Insel der Hundertjährigen
Anami (Japan)	Galapagos Japans
Hainan (China)	Hawaii Chinas
Bali (Indon.)	Insel der Götter
Phuket (Thailand)	Mallorca des Ostens Perle der Andamansee
Sri Lanka	Träne im Indischen Ozean
Tongpan (Taiwan)	Yellowstone Park of the Penghus
Cheju (Korea)	Hawaii Koreas
Sokotra	Galapagos des Indischen Ozeans Insel des Glücks

Japan ist eines der Länder mit der höchsten Lebenserwartung der Welt. Besonders lange leben die Bewohner der südjapanischen Inselgruppe Okinawa. Forscher vermuten, dass dazu die gesunde Ernährung, deren Hauptbesandteile Reis, Gemüse und Meeresfrüchte sind, beiträgt. Okinawa (Okinawa Honto ist die Hauptinsel) wird deshalb die ‚*Insel der Hundertjährigen*‘ genannt. Okinawa gilt zudem als *Hawaii Japans*.
Bei Nagasaki liegt die Insel Hashima, einst ein Kohleabbaugebiet und heute unbewohnt. Die stillgelegten, grauen Produktionsgebäude auf der felsigen Insel sehen von weitem aus, wie die Aufbauten eines Schlachtschiffes. Hashima wird deshalb Kriegsschiff-Insel genannt.

6. Strände und Buchten

<u>6.1 Strände</u>

Strand	Beiname
Malmö Ribersborg	Copacabana Skandinaviens
Timmendorfer Strand	Copacabana des Nordens
Okrug (Kroatien)	Copacabana
Dubrovnik (Kroatien)	Copacabana
Riga-Jurmala	Copacabana der Ostsee
Donauinsel Wien	Copa Cagrana

Copacabana ist ein Stadtteil von Rio de Janeiro ($5\ km^2$, 34 000 Einwohner), der über einen 4 Kilometer langen Strandabschnitt verfügt. Dieser wohl bekannteste Strand der Stadt und Brasiliens wird von den Einheimischen *kleine Meerprinzessin* genannt und gilt auch als *Badewanne Rios*.

Copacabana ist Inbegriff für einen belebten Badestrand. Mehrere Ostseestrände werden wegen des feinen Sandes mit dem Copacabana-Beinamen versehen. Dazu gehört der Ribersborg-Strand in Malmö, die *Copacabana Skandinaviens*, der Timmendorfer Strand bei Lübeck als *Copacabana des Nordens* und der Rigaer Strandvorort Jurmala (das lettische Wort Jurmala bedeutet Strand) als *Copacabana der Ostsee.*

In Kroatien ist der Strand kiesiger, trotzdem werden dort Strände in Okrug und Dubrovnik als *Copacabana* bezeichnet.

Bei Shanghai ist Lingang als eine neue Idealstadt geplant. Lingang soll einen hohen Freizeitwert haben und über einen städtischen Sandstrand verfügen. Von einem ‚Copacabana für China' ist bei Architekten die Rede. Ausreichende Sandmengen wurden eingeplant.

<u>6.2 Buchten</u>

Strand	**Beiname**
Murnau, Uferpromenade	Schweinebucht
Bucht im Valle Gran Rey	Schweinebucht
Alyki	Badewanne von Alyki
Vagies-Bucht (Rhodos)	Anthony Quinn Bucht

Am 17. April 1961 scheiterte in der Schweinebucht Kubas eine US-gestützte Invasion von Exilkubanern. Dadurch wurde die Schweinebucht international bekannt und letztlich auch als Buchtbeiname etabliert.

Im oberbayerischen Murnau wird die ausgebaute Staffelsee-Uferpromenade von der Bevölkerung spöttisch *Schweinebucht* genannt. Auf der Aussteiger-Kanareninsel La Gomera gab es einst eine Hippiekolonie in einer Bucht im Valle Gran Rey, die noch heute *Schweinebucht* genannt wird.

Auf Rhodos gibt es unweit von Faliraki die Anthony Quinn-Bucht. Nach dem Erfolg der Filme ,*Die Kanonen von Navarone*' (1961) und ,*Alexis Sorbas*' (1964) wurde von der damaligen Regierung Griechenlands die Vagies Bucht dem mexikanisch-amerikanischen Schauspieler Anthony Quinn (1915-2001) zum Geschenk gemacht. Später wurde diese Entscheidung widerrufen, doch der Beiname der Bucht blieb erhalten.

Auf der griechischen Insel Thassos hat die Alyki-Bucht die Form einer Badewanne, sie wird deshalb *Badewanne von Alyki* genannt.

7. Wasserfälle

7.1 Niagara

Wasserfall	Beiname
Jägala (Estland)	Niagara des Baltikums
Dawson Falls (Kanada)	Little Niagara
Bushkill Falls (USA)	Niagara of Pennsylvania Niagara of the Poconos
Shoshoe Falls (USA)	Niagara des Westens
Tallulah Falls (USA)	Niagara of the South
Cumberland Falls (USA)	Niagara of the South
Juanacatlan	Niagara Mexikos
Dunn's River Falls (Jamaika)	Niagara der Karibik
Hopkins Fälle (Australien)	Mini-Niagara
Shifen Wasserfall	Niagara Taiwans
Banff-Wasserfälle (Kanada)	Mini-Niagara
Rheinfelden (KW)	Badisches Niagara

Was die Funktion als Beinamengeber betrifft, finden sich die Niagarafälle an erster Stelle aller Wasserfälle. Etwa 10 Wasserfälle weltweit haben den Beinamen Niagara. Darunter in den USA die Shoshone Falls (Fallhöhe 65 m) in Idaho als *Niagara of the West*, die Bushkill Falls in Pennsylvania (30 m) als *Niagara of the Poconos*, die Cumberland Falls in Kentucky (20 m) als *Niagara of the South* und die Tallulah Falls in Georgia (über mehrere Stufen insgesamt 150 m). In Kanada werden die Dawson Falls in British Columbia als *Little Niagara* (15 m) und die Banff Falls (Fallhöhe bis 120 m) als *Mini-Niagara* bezeichnet. Als *Niagara der Karibik* gelten die Dunn's River Falls auf Jamaika, die mehrere treppenartige Stufen aufweisen über die insgesamt ein Höhenunterschied von 300 m überwunden wird. Auch in Europa gibt es Niagara genannte Wasserfälle, so in Jägala (Estland), allerdings mit einer Fallhöhe von nur 8 m.

Wasserfall	Beiname
Filgenbach (Baden-W)	Kuhseich
Trummelbach (Schweiz)	Wasserfall in einem Berg
Rouget-Wasserfall (franz. Alpen)	Königin der Alpen
Agua Azul (Mexiko)	Mixer
Iguacu	Teufelsschlund
Victoria Falls	Vic Falls
Tianmen (China)	Silberdrachen

Die Iguacu-Wasserfälle an der Grenze des brasilianischen Bundesstaates Parana zu Argentinien sind nach Breite und Wassermenge die größten Wasserfälle der Welt. Umgangssprachlich werden sie auch als *Garganta del Diablo*, als Teufelsschlund bezeichnet. Allerdings fungieren sie nicht als Beinamengeber für andere Wasserfälle, diese Rolle nehmen, wie gezeigt, die Niagara-Fälle ein. Auch die 1855 von David Livingstone entdeckten, an der Grenze von Simbabwe und Sambia gelegenen Viktoria-Fälle dienen nicht als Beinamengeber anderer Wasserfälle. Touristen kürzen die Fälle zu Vic Falls ab, die einheimischen Kololo nannten die Fälle ‚donnernder Rauch'

Die Trummelbach-Fälle in der Schweiz werden auch *Wasserfall in einem Berg* genannt, denn das Wasser bricht sich seinen Weg durch Spalten im Fels, verschwindet im Berg und taucht an anderer Stelle wieder ans Tageslicht.

In den französischen Alpen stürzt der Rouget-Wasserfall spektakulär 90 m in die Tiefe und wird deshalb *Königin der Alpen* genannt. Einen weniger edlen Beinamen haben die Agua Azul-Fälle in Mexiko: sie werden *Mixer* genannt.

8. Flüsse

8.1 Mutter und Vater

Fluss	Beiname
Mutter	
Donau	Mutter Donau
Spree	Mütterchen (sorbisch)
Wolga	Mütterchen (Russland)
Ganges	Mutter Ganges
Gelber Fluss (Huang He)	Mutter Chinas Mutter aller Flüsse
Mekong	Mutter aller Wasser
Rio Magdalena	Mutter aller Wasser
Vater	
Rhein	Vater Rhein
Dnjepr	Väterchen
Don	Väterchen
Jenissei	Vater Jenissei
Mississippi	Vater der Gewässer

Im deutschsprachigen Raum werden Flüsse selten auch als *Vater* oder *Mutter* bezeichnet. Ausnahmen sind *Vater Rhein* und *Mutter Donau*. Häufiger sind solche Bezeichnungen in den slawischen Sprachen. Die Sorben nennen die Spree Mütterchen. In Russland gilt die Wolga als Mütterchen oder als Mutter Russlands. Der Jenissei ist dagegen ein Vater, Dnjepr und Don werden ebenfalls Väterchen genannt. In China hat der Gelbe Fluss (Huang he) den Beinamen Mutter Chinas. Der Mekong gilt den Südostasiaten als Mutter aller Wasser. So sehen die Indianer Kolumbiens ebenfalls den Rio Magdalena. Für die Indianer Nordamerikas war der Mississippi der *Vater der Gewässer.*

Fluss	Beiname
Donau	Blaue Donau, Schwarzer Fluss
Altefeld (Hessen)	Schwarzer Fluss
Lei	Goldene Lei
Theiß	Blonder Theiß
Bistriza (Rumänien)	Goldene Bistriza
Tejo	Strohmeer (Mar de Palha)
Jangtse	Blauer Fluss

Die Donau hat den Beinamen 'die blaue', da sie wenig Sedimente mitführt. Doch ob sie wirklich so blau ist ,wollte der österreichische Hydrograf Anton Bruszkay im Jahr 1900 ganz genau wissen: Er blickte jeden Tag zwischen sieben und acht ins Donauwasser. Die österreichische Zeitschrift Falter zitiert im Juli 2005 seine Jahresbilanz: *"An elf Tagen braun, an 46 lehmgelb, an 59 schmutziggrün, an 45 Tagen hellgrün, an 5 Tagen grasgrün, an 69 Tagen stahlgrün, and 46 Tagen smaragdgrün und an 64 Tagen dunkelgrün."* Die Farbe blau war nicht dabei. Ein anderer Beiname der Donau ist *,Schwarzer Fluss',* denn sie entspringt im Schwarzwald und fließt ins Schwarze Meer.

Als blau wird übrigens auch der Jangtse(kiang) bezeichnet, während durch Nordchina der sedimentreiche (Löß) Gelbe Fluss (Huang He) fließt. Sedimentreich ist auch die Theiß in Ungarn, die deshalb *blonde Theiß* genannt wird. Die Lei in Belgien wird *goldene Lei* genannt, denn einst färbte dort das Rösten des Flachses den Fluss golden. Einen Silberfluss gibt es als Beinamen nicht, jedoch als offiziellen geographischen Begriff, denn Rio de la Plata, der Mündungstrichter der Flüsse Uruguay und Paraguay heißt Silberfluss. Portugals Tejo wird, weil sich im Mündungsbereich die Sonne strohfarben auf dem Wasser reflektiert, Strohmeer (*Mar de Palha*) genannt.

8.3 Amazonas

Fluss	Beiname
Itz	Fränkischer Amazonas
Peene	Amazonas des Nordens
Uckley-Quellgebiet	Märkischer Amazonas
Wakenitz	Amazonas des Nordens
Wupper	Bergischer Amazonas
Narew	Polnischer Amazonas
Biebrza	Polnischer Amazonas
Donau in Niederbayern	Bayerischer Amazonas
Pripjat	Weißrussischer Amazonas

Der Amazonas ist einer der längsten Flüsse der Erde (südamerikanische Geographen versuchten in den letzten Jahren eine Quelle nachzuweisen, die den Fluss länger als den Nil macht). Auf jeden Fall ist der Amazonas der wasserreichste Fluss der Erde. Amazonas steht in Europa auch für einen naturbelassenen, von Urwäldern gesäumten Fluss. Ursprüngliche, von Menschenhand kaum veränderte Flussläufe mit natürlicher Vegetation werden deshalb gelegentlich als ‚Amazonas' bezeichnet.

In Deutschland haben die nur 15 km lange Wakenitz bei Lübeck und die 143 km lange Peene in Vorpommern wegen ihrer ungezähmten Ursprünglichkeit den Beinamen *Amazonas des Nordens*.

In Bayern gilt der Donauabschnitt von Deggendorf bis Passau wegen seiner natürlichen Ufer und fehlender schiffahrtstechnischer Verbauung als *bayerischer Amazonas*.

In Ostpolen fließen Narew und Biebrza durch ein zum Nationalpark erklärten Sumpfgebiet. Beide werden *polnischer Amazonas* genannt. Auf weißrussischer Seite gilt der Pripjat als eine Art Amazonas.

Fluss	Beiname
Ebro	Nil Aragons
Hudson	Rhein Amerikas
Potomac	Amerikas Rubikon
Lech	Tagliamento des Nordens

Zwischen Warth und Füssen gilt der Lech noch als Wildfluss. Er wird nach dem bedeutendsten noch erhaltenen Alpenwildfluss deshalb *Tagliamento des Nordens* genannt.

Der Rhein war einer der ersten touristisch erschlossenen Flüsse, hier begann der Flusstourismus bereits im 19. Jahrhundert. Auch der Hudson im US-Bundesstaat New York fließt durch eine ansprechende Landschaft, er wird deshalb auch *Rhein Amerikas* genannt. Im 19. Jahrhundert bildete sich sogar eine Hudson River Landschaftsmalerschule, die in ihren Gemälden die Schönheit der Landschaft am Hudson einfing.

Der Ebro ist mit 925 km der zweitlängste Fluss der Iberischen Halbinsel. In der Region Aragonien fließt er durch eine trockene Landschaft, Wasser wird für landwirtschaftliche Zwecke abgezweigt. Er wird dort deshalb auch *Nil Aragoniens* genannt.

Die geographische Zuordnung des römischen Fluss Rubikon, den Cäsar einst überschritt, ist nicht ganz geklärt. Sein Verlauf stimmt vermutlich nicht mit dem heutigen kleinen Fluss Rubikon südlich von Ravenna überein. Eine geschichtlich ähnliche Funktion, wie der Rubikon und dessen Überschreitung nahm in Amerika zu Zeiten des Unabhängigkeitskrieges der durch Washington fließende, 616 km lange Potomac ein. Sein Wasserlauf spielte im wechselnden Frontverlauf eine strategisch wichtige Rolle. Der Potomac gilt deshalb als *Rubikon Amerikas*.

8.5 König/Königin

Fluss	Beiname
Amazonas	König der Flüsse
Donau	Königin der Flüsse
Inn	König der Alpenflüsse
Loire	Fluss der Könige, König der Flüsse
Niger	König der Flüsse
Nil	König der Flüsse
Tagliamento	König der Alpenflüsse
Weichsel	Königin der Flüsse

Bis heute von kraftwerkstechnischer und verkehrlicher Bebauung fast unbeeinträchtigt, gilt der 178 km lange Tagliamento in Friaul als einer der letzten Wildflüsse der Alpen mit einem Referenzökosystem mit europäischer Bedeutung, er wird auch *König der Alpenflüsse* genannt. Als *König der Alpenflüsse* gilt auch der Inn. Als *Königin der Flüsse* wird auch die relativ natürlich und unkanalisiert fließende Weichsel bezeichnet. Die in vielen Flussabschnitten, vor allem in Österreich, majestätische Donau, der mit 13 Anrainerstaaten internationalste Fluss der Welt, trägt ebenfalls manchmal diesen Titel. Als *König der Flüsse* werden auch Nil und Jangtsekiang bezeichnet. Als es noch keine Eisenbahnen gab, zeichnete sich die Loire in Zentralfrankreich durch besondere Verkehrsgunst aus. Flussabwärts konnten sich die Schiffe durch die Strömung treiben lassen, flussaufwärts sorgten Westwinde (die Loire ist Ost-West ausgerichtet) für Antrieb. So wurde der Loire-Raum zeitweise zur wichtigsten Wirtschaftsregion Frankreichs. Könige ließen sich hier nieder, zahlreiche Schlösser wurden an seinen Gestaden errichtet. Die Loire wurde zu einem Fluss der Könige und zu einem König der Flüsse.

8.6 Der typischte Fluss und Schicksalsstrom

Fluss	Beiname
Isar	Bayerischter Fluss
Neckar	Herzader Schwabens Schwäbischer Schicksalstrom
Rhein	Deutscher Rhein Deutschester Fluss
Donau	Schicksalsstrom Mitteleuropas
Weichsel	Polnischter aller Flüsse
Themse	Englischter Fluss
Beresina	Napoleons Schicksalsstrom
Jenissei	Sibiriens Schicksalsstrom
St. Lorenz	Schicksalsstrom Kanadas

Obwohl er ein internationaler Fluss ist, in der Schweiz entspringt und in den Niederlanden mündet wird der Rhein auch als der ,*deutsche Rhein*' oder der deutscheste aller Flüsse bezeichnet. Der Längste nur in Deutschland fließende Fluss ist die Weser. Auf dem Westerstein in Hannoversch Münden steht, sie sei ,deutsch bis zum Meer'. Rein bayerisch ist die Isar, deshalb zu Recht als der bayerischte Fluss der Freistaates bezeichnet. Der Neckar mündet in Baden und fließt auch durch Franken, gilt aber dennoch als *Herzader Schwabens* (bzw. weil er auch Heidelberg und Mannheim durchfließt Baden-Württembergs) und als *Schwäbischer Schicksalsstrom*. Als weißrussischer Schicksalstrom gilt die Beresina, die auch das Schicksal von Napoleon besiegelt hat. Im Französischen steht Beresina noch heute für eine militärische Niederlage.

Die durch Zentralpolen fließende und die wichtigen Städte Krakau, Warschau und Thorn verbindende Weichsel gilt als *polnischter aller Flüsse*. Der englischte Fluss dagegen ist die Themse. An ihren Ufern liegen so englische Städte wie Oxford, Windsor und London.

Fluss	Beiname
Rhein	Deutscher Rhein
Wupper	Europas fleißigster Fluss
Weser	Deutschlands Märchenfluss
Jökulas a Bru	Islands schmutzigster Fluss
Brahmaputra	Old red river
Cano Cristales	Schönster Fluss der Welt Fluss der fünf Farben
Huang He	Chinas Stolz Sorge Chinas
Jangtsekiang	Wilder Drachen
Yongding (China)	Kapriziöser Fluss
Mekong	Fluss der neun Drachen
Mississippi	Ol Man River
Missouri	Big Muddy, Dark River
Salmon River	River of no Return Fluss ohne Wiederkehr
Rimac (Peru)	Sprechender Fluss
Amazonas	Meer-Fluss

Der Raum Wuppertal war einer der ersten industrialisierten Regionen Deutschlands. Die Wupper als Fluss trieb Mühlen an, färbte Textilien, kühlte und führte viel Schmutzfracht ab. Deshalb galt sie zeitweise auch als *Deutschlands fleißigster* (und schmutzigster) *Fluss*.
Als schönster Fluss der Welt gilt manchem dagegen der kolumbianische Cano Cristales. Farblich sich verändernde Algen und blühende Moose geben dem Fluss im Laufe eines Jahres fünf verschiedene Farben, weshalb er auch *Fluss der fünf Farben* genannt wird. Ein anderer Name ist ‚*der Fluss, der aus dem Paradies flüchtete*', denn Wasserfälle, Felsen und Becken machen den langsam fließenden Fluss zusätzlich interessant

9. Seen

Häufigste Beinamen von Seen sind ‚Meer', in seenarmen Binnenländern auch für mittelgroße Seen verwendet, ‚Badewanne' (oft als die von benachbarten Großstädten bezeichnet) oder ‚Blaues Auge'. Eher selten werden Seen als Vierwaldstätter See oder als ‚Totes Meer' bezeichnet. In China gibt es zudem einen See, der seinen Spitznamen vom kanadischen Jasper Lake, Inbegriff einer Bergsee-idylle, ableitet.

Beiname	Im Buch aufgeführte Beispiele
Meer	30
Badewanne	10
Blaues Auge	9
Vierwaldstättersee	3
Totes Meer	3

Vierwaldstätter See (Bild: Rudolf Amman, Wikipedia)

9.1 Seen, welche Meer genannt werden

See	Beiname
Deutschland	
Bodensee	Schwäbisches Meer
Chiemsee	Bayerisches Meer
Goitzsche	Bitterfelder Meer
Möhnesee	Westfälisches Meer
Müritz	Kleines Meer, Mecklenburger M.
Norderteich	Lippisches Meer
Ottermeer	Schwarzes Meer Ostfrieslands
Scharmützelsee	Märkisches Meer
Seeburger See	Eichsfelder Meer
Talsperre Pöhl	Vogtländisches Meer
Talsperre Eibenstock	Eibenstocker Meer
Talsperre Zeulenroda	Zeulenrodaer Meer
Bleilochstausee	Thüringer Meer
Hohenwarte-Talsperre	Thüringer Meer
Europa	
Achensee	Tiroler Meer
Grundlsee	Steirisches Meer
Neusiedler See	Meer der Wiener Burgenländisches Meer
Lipno Stausee	Tschechisches Meer, Böhm. Meer
Narotsch	Weißrussisches Meer
Plattensee	Meer der Ungarn
Sniardwy (Spirdingsee)	Masurisches Meer
Ottmachauer Stausee	Schlesisches Meer
Ohridsee	Mazedonisches Meer
Rybinsk Stausee	Rybinsker Meer
Zemplinska Sirava	Slowakisches Meer
Welt	
Baikalsee	Heiliges Meer Sibiriens
Chöwsgöl	Mongolisches Meer
See Genezareth	Galiläisches Meer
Titicacasee	Andenmeer
Uyuni Salzsee	Weißes Meer

Der einschließlich Untersee 535 km^2 große Bodensee wird auch als ‚Schwäbisches Meer' bezeichnet. Einschließlich des Untersees beträgt die Uferlänge 273 km. Davon liegen 173 km in Deutschland, 28 km in Österreich und 72 km in der Schweiz. Das deutsche Ufer teilen sich die Bundesländer Baden-Württemberg und Bayern (das bayerische Ufer gehört zum bayerischen Regierungsbezirk Schwaben). In Bezug auf das baden-württembergische Ufer hat der badische Landesteil den größeren Anteil. Ein ‚badisches Meer' gibt es nicht, aber der Bodensee könnte diesen Beinamen, was die Uferlänge betrifft, durchaus mit Berechtigung tragen.

In seenarmen, meerfernen Gebieten werden oft bereits mittlere Seen mit dem Beinamen ‚Meer' versehen. Der Norderteich in Billerbeck, *lippisches Meer* genannt, ist mit 0.1 km^2 wohl das kleinste Meer Deutschlands, vielleicht sogar der Welt. Auch nicht besonders groß ist der Seeburger See (0.87 km^2) bei Göttingen, auch *Eichsfelder Meer* genannt. Im an Naturseen armen Thüringen sind es Stauseen, die als Meer bezeichnet werden, so der Bleilochstausee (9.2 km^2), der Hohenwarte-Stausee (7.3 km^2), der Eibenstockstausee (3.7 km^2) und der Zeulenroda-Stausee (2.3 km^2)

In Österreich sind es oft nur mäßig große Bergseen, die Meer genannt werden, so der Stausee Achensee in Tirol (6.8 km^2) und der Grundlsee in der Steiermark (4.2 km^2). Berechtigter ist der Beiname für den Neusiedler See, welcher 142 km^2 offene Wasserfläche aufweist - mit dem Schilfgürtel sind es sogar 320 km^2. Er wird als *Burgenländisches Meer* oder als *Meer der Wiener* bezeichnet. Flächenmäßig sogar größer als der Bodensee ist der Plattensee (ungarisch: Balaton), der deshalb, kaum überraschend, als ‚*Meer der Ungarn*' bezeichnet wird. Auch die beiden Binnenstaaten Bolivien und die Mongolei haben ihr ‚Meer'.

9.2 Die Badewanne von

Gewässer	Beiname
Wannsee (Berlin)	Badewanne Berlins
Müggelsee (Berlin)	Badewanne Berlins
Starnberger See	Badewanne Münchens
Steinhuder Meer	Badewanne Hannovers
Helenesee	Frankfurts größte Badewanne
Cospudener See	Größte Badewanne Leipzigs
Lübecker Bucht	Badewanne Hamburgs
Senftenberger See	Badewanne Dresdens
Eicher See	Badewanne Rheinhessens
Presegger See	Gailtaler Badewanne
Kramsach-Seen	Wärmste Badewanne Tirols

Stadtnahe Gewässer gelten oft als ‚Badewanne' der nächstgelegenen Großstadt, so der Starnberger See als *Badewanne Münchens* der Senftenberger See als *Badewanne Dresdens oder* das Steinhuder Meer als *Badewanne Hannovers*. Der Wannsee als *Badewanne Berlins* liegt sogar innerhalb der Stadtgrenzen. Mit dem Müggel see im Osten verfügt Berlin zudem über eine zweite Badewanne. Auch verschiedene Ostseestrände werden als Badewanne Berlins bezeichnet, so etwa die der Insel Usedom.

Die Lübecker Bucht als *Badewanne Hamburgs* ist ebenfalls kein See. Ebenfalls kein See ist die *Badewanne des Ruhrgebietes*. So wird die Soletherme in Bad Sassendorf im Sauerland bezeichnet.

Der Presegger see in Kärnten gilt als *warme Badewanne*, denn im Sommer können die Wassertemperaturen bis auf 28 ° steigen. Bei Kramsach in Tirol gibt es gleich fünf kleine Badeseen, der Reintaler und der Krummsee gehören dabei mit Wassertemperaturen von bis zu 25 ° zu den wärmsten Badeseen Tirols

See	Beiname
Arendsee (Altmark)	Blaues Auge der Altmark
Maschsee (Hannover)	Blaues Auge Hannovers
Edersee	Blaues Auge des Waldecker Landes
Seeburger See	Auge des Eichsfeldes
Süßer See	Blaues Auge des Mansfelder Landes
Glaswaldsee	Blaues Auge des Schwarzwaldes
Reither See (Tirol)	Blaues Auge von Reith
Sevan	Blauäuige Braut Armeniens
Baikalsee (Sibirien)	Blaues Auge Sibiriens

Mehrere Seen gelten aus naheliegenden Gründen als ‚blaues Auge' der jeweiligen Gegend. Der in den 1930er Jahren als Arbeitsbeschaffungsmassnahme geschaffene zentrumsnahe Maschsee gilt als *blaues Auge Hannovers'* und verleiht der niedersächsischen Landeshauptstadt Lebensqualität. Auch die Altmark, das Eichsfeld und der Schwarzwald haben ein ‚blaues Auge'. In der Eifel gelten die Maare als Augen des Landstriches, das Pulvermaar gelegentlich auch als *blaues Auge der Eifel*. Die Lausitz kommt dagegen durch geflutete Braunkohleseen zu ‚neuen blauen Augen'. In Bad Lippspringe wird der Lippequellteich zudem *Odinsauge* genannt.

Im kargen und trockenen Armenien kommt das Blau des Sevan-Sees (16 km^2) besonders zur Geltung. Dieser wird *blauäugige Braut Armeniens* genannt. Auch das Wasser des Baikalsees (31492 km^2) erscheint sehr blau. Wegen seiner Tiefe von bis zu 1642 m ist der See nach Wasservolumen der größte Binnensee der Welt und gilt als *Blaues Auge Sibiriens*.

9.4 Vierwaldstätter See

Region	Gewässer
Frankfurt	Jacobiweiher
Oberharz	Rappbodetalsperre
Westharz	Okertalsperre

Der 114 km^2 große Vierwaldstättersee in der Zentralschweiz gehört zu dem am schönsten gelegenen Seen der Erde. Sein Name leitete sich von den vier Waldstätten ab: den Kantonen Uri, Schwyz, Unterwalden und Luzern. Englischsprachigen Touristen ist dieser Name allerdings zu kompliziert, sie sagen einfach Lake of Lucerne. Der See hat eine 162 km lange, gezackte Uferlinie mit vielen Armen.

In Frankfurt hat der durch die Aufstauung des Königsbaches 1932 angelegte Jacobiweiher (0.06 km^2) wegen seiner eigentümlichen Form mit seinen Inseln und vielen Armen, die an das Schweizer Vorbild erinnern, den Beinamen *Vierwaldstätter See*. Zum Spitznamen trug auch die Tatsache bei, dass er von 4 ‚Städten' umgeben ist: Niederrad, Oberrad, Sachsenhausen und Isenburg.

Die 1959 (in der damaligen DDR) fertig gestellte Rappbodetalsperre im Harz hat mit einer Länge von 415 m und einer Höhe von 106 m die größte Staumauer Deutschlands. Der entsprechende Stausee (bis 3.9 km^2 groß) hat mehrere Arme und erinnert, etwa vom Roten Stein aus betrachtet, ein bisschen an den Vierwaldstätter See, deshalb sein Beiname.

Mit dem 2.3 km^2 großen Okertalsperrensee gibt es im Harz sogar ein zweites Gewässer, welches im Volksmund *Vierwaldstätter See* genannt wird.

<u>9.5 Totes Meer</u>

Region	**Gewässer**
Utah, Great Salt Lake	Dead Sea of the US
Chaiwobao-See	Chinesisches Totes Meer
Bad Windsheim, Frankentherme	Fränkisches Totes Meer

Der in Europa als Totes Meer bekannte abflusslose See zwischen Israel und Jordanien wird im Hebräischen Salzmeer und im Arabischen Meer des Todes oder Meer des Lot genannt. Seine Wasseroberfläche liegt mehr als 400 m unter dem Meeresspiegel. Er ist damit der am tiefsten gelegene See der Welt. Mit einem Salzgehalt von 28% ist er auch einer der salzigsten. Man kann hier eine Zeitung lesend baden - ein beliebtes Photomotiv. Der 800 km^2 große See ist von Austrocknung bedroht. Durch Entnahme von Jordanwasser zur Versorgung Israels und Jordaniens mit Trinkwasser sinkt der Wasserspiegel seit den 1980er Jahren um 1 Meter pro Jahr.

Der 4400 km^2 große Great Salt Lake im US-Bundesstaat Utah (Salzgehalt im Nordteil 25%, im Südteil 9%) wird manchmal als *Totes Meer der USA* (*Dead Sea of the US*) bezeichnet.

Auch China hat ein Totes Meer. So wird der Chaiwobao-Salzsee 40 km südlich von Urumqi im trockenen Westen des Landes bezeichnet.

Den Beinamen ‚*Fränkisches Totes Meer*‘ hat ein 750 m^2 großer ‚Salzsee‘ der 2005 eröffneten Franken-Therme in Bad Windsheim. Der Salzgehalt ähnelt mit 27% dem des Toten Meers.

See	Beiname
Ammersee	Bauernsee, Künstlersee
Essen, Baldeneysey	Lago Baldino
Leipzig, Cospudener See	Costa Cospuda (Strand)
Tegernsee	Lago di Bonzo
Heimstettner See (München)	Fidschi
Plauer See	Totes Meer
Stellbergsee (Hessen)	Mondsee
Elfrather See	E-See
Baikalsee	Galapagos Sibiriens
Velence See (Ungarn)	Enkel des Plattensees
Lake Malawi	Calendar Lake
Lake Georgia	Queen of American Lakes
Ippeeki-See	Pupille Izus

Manchmal wird die Südsehnsucht des Nordens mit mediterranen Seebeinamen gestillt. Beispiele sind *Costa Cospuda* für den Cospudener See bei Leipzig, *Lago Baldino* für den Essener Baldeneysee oder *Lago di Bonzo* für den Tegernsee, an dessen Gestaden viele Gutbetuchte wohnen. Der Heimstettner See bei München erinnert seine Fans an ein Südseeparadies, sie nennen ihn Fidschi. Der Starnberger See heißt erst seit 1962 so, vorher wurde er nach seinem Abfluss Würmsee genannt, was aber für manche nach Würmern klang. Doch Alteingesessene nennen ihn noch heute so. Ein edlerer Beiname für den Lieblingssee von Sissi, war Fürstensee. Der benachbarte Ammersee zog weniger Prominenz an und wurde früher auch *Bauernsee* genannt. Nachdem sich um 1900 etliche Künstler an seinen Gestaden nieder ließen galt er auch als *Künstlersee.*

Der Ippeeki-See in Japan ist so rund, dass er *Pupille* genannt wird. Einen interessanten Beinamen hat auch der Malawi-See in Ostafrika. Weil er 365 Meilen lang und 52 Meilen breit ist wird er auch *Kalendersee* genannt.

10. Nationalparks und besondere Landschaften

10.1 Serengeti

Park	Beiname
Lamar Valley (Yellowstone)	Serengeti of North America
Northern British Columbia	Serengeti of the North
Argin Shan Reservat (China)	Serengeti Asiens
Narwntapu Park	Serengeti of Tasmania
Beringstrasse	Subarktische Serengeti
Arctic National Wildlife Refuge (Alaska)	America's Serengeti
Los llanos	Serengeti of Venezuela
Pantanal	Serengeti Südamerikas
South Georgia	Serengeti of Antarctica

Der Serengeti-Nationalpark (14800 km^2) gehört zum UNESCO-Weltnaturerbe und ist einer der bekanntesten Nationalparks der Welt. Den Deutschen wurde er 1959 durch Grzimeks Dokumentarfilm ‚Serengeti darf nicht sterben‘ bekannt. Die Serengeti steht für einen Reichtum an Wildtieren, über eine Million Pflanzenfresser und tausende Raubtiere leben hier. Im Wechsel von Regen- und Trockenzeiten kommt es zu spektakulären Wanderungen von Huftieren wie Gnus, Zebras und Büffeln. Wichtige Regenzeit-Weiden finden sich dabei im Ngorongoro-Krater.

Besonders wildreiche Gebiete werden gelegentlich mit dem Beinamen *Serengeti* belegt. Dazu tropische Gebiete wie das Pantanal in Brasilien und Los Llanos in Venezuela, aber auch subarktische Gegenden wie Südgeorgien in der Antarktis und die Beringstrasse in Alaska. In Kanada gilt das nördliche British Kolumbien wegen des Wildreichtums seiner dichten Wälder als *Serengeti des Nordens*. Europa ist zu dicht besiedelt und zu gut erschlossen für ein wildreiches Serengeti.

10.2 Yosemite

Park	Beiname
Hetch Hetchy	Little Yosemite
Panthertown Valley	Yosemite of the East
Squamish (Canada)	Yosemite of the Northwest
Idyllwilde	Yosemite of Southern California
Park Nahuel Huapi	Yosemite Argentiniens
Debela Pec (Slowenien)	Europas Yosemite
Jergaki Nationalpark	Russlands Yosemite

Der über 3000 km^2 große Yosemite Nationalpark in Kalifornien wurde bereits 1864 nach kalifornischem Recht geschaffen. 1984 erklärte die UNESCO den Park zum Weltnaturerbe. Der Park mit seinen spektakulären Granitfelsen, die das Yosemite-Valley einrahmen, den Wasserfällen und den Mammutbäumen zieht jährlich mehr als 3 Millionen Besucher an. Das Hetch Hetchy Valley ist noch Teil des Yosemite-Nationalparks, wurde aber 1913 für einen Staudammbau zur Flutung freigegeben. Es wird auch als Little Yosemite (Valley) genannt.

In Nordamerika werden landschaftlich spektakuläre Gegenden in anderen Regionen manchmal mit dem Yosemite-Nationalpark verglichen, auch wenn sie nicht ganz an diesen heranreichen. Das Idyllwilde in den San Jacinto-Bergen hat den Beinamen *Yosemite of Southern California*. Das Panthertown Valley in den Appalachen North Carolinas gilt als *Yosemite of the East*.

Das Squamish Valley am Howe Sound in British Columbia wird gelegentlich als *Yosemite of the Northwest* bezeichnet.

Die Slowenen sehen die Region um den Debela Pec im Alpensaum des Landes als *Europas Yosemite*. Der Jergaki Nationalpark im südlichen Sibirien (bei Krasnojarsk) gilt manchen als *Russlands Yosemite*.

10.3 Galapagos

Insel	Beiname
Isla de la Plata	Poor man's Galapagos
Islas Ballestas	Poor man's Galapagos
Mona Island	Galapagos der Karibik
Sokotra	Galapagos des Indischen Ozeans
Queen Charlotte Inseln	Galapagos Kanadas
Kangaroo Island	Galapagos Australiens
Anami Inseln	Galapagos of Japan
Baikal	Galapagos of Siberia

Das zu Ecuador gehörende Galapagos-Inselarchipel ist für seinen Artenreichtum bekannt. Dazu trägt nährstoffreiches Tiefenwasser bei. Die isolierte Lage führt zudem dazu, dass auf den Inseln viele endemische, also nur hier lebende Tier- und Pflanzenarten vorkommen. Bekannte Tierarten des Archipels sind die Galapagos-Riesenschildkröten und die Darwinfinken, die ihren Namen einem Forschungsaufenthalt des britischen Naturforschers im Jahre 1835 verdanken. 1978 wurden die Galapagos-Inseln in die UNESCO-Liste des Weltnaturerbes aufgenommen, seit 2007 sind sie aber auch auf der Roten Liste des als gefährdet eingestuften Naturerbes. Denn eingeschleppte Tiere und Pflanzen bedrohen heute die natürliche Flora und Fauna der Inseln.

Durch die große Landentfernung und geringe Hotelkapazität ist ein Besuch der Galapagosinseln relativ teuer. Ein Besuch der nur 20 km vor der Küste Ecuadors gelegenen Isla de la Plata (Silberinsel) ist dagegen weit preiswerter. Auch dort findet sich eine Vielfalt an Tieren. Isla de la Plata wirbt deshalb mit dem Slogan ‚Poor man's Galapagos' um Backpacker-Touristen. Ähnliches versuchen die Islas Ballestas in Peru, die, in einer kalten Meeresströmung gelegen, Heimat von Robbenkolonien sind. Wegen vieler endemischer Wasserlebewesen sieht sich der Baikalsee auch als *Galapagos Sibiriens*.

10.4 Yellowstone

Park	Beiname
Nahanni National Park	Canada's Yellowstone
Grand Teton	Yellowstone's Sister Park
Long Valley Caldera	Yellowston's Super Sister
Rotorua	The Yellowstone of the Antipodes
Tongpan (Taiwan)	Yellowstone of the Penghus
El Tation (Chile)	Chiles Yellowstone

Der 9000 km^2 große Yellowstone-Nationalpark in den Rocky Mountains im US-Bundesstaat Wyoming (kleinere Teile des Parks liegen in Idaho und Montana) wurde bereits 1872 gegründet und gilt damit als ältester Nationalpark der Welt. 1978 erklärte ihn die UNESCO zum Weltnaturerbe. Er ist vor allem für seine Geysire (der berühmteste ist ‚Old Faithful') bekannt, daneben für Wildtiere wie Bisons, Grizzlies und Wölfe.

Wegen seiner Einzigartigkeit werden nur wenige andere Parks werden mit dem Yellowstone verglichen. Gibt es Geysire, kommt es am ehesten zum Yellowstone-Vergleich. Eine Ausnahme ist der benachbarte 1255 km^2 große Grand Teton-Nationalpark (seit 1929 hat er diesen Status), der wegen seiner Nähe auch *Yellowstone's Sister Park* genannt wird. Die Long Valley Caldera im östlichen Zentralkalifornien (und andere ‚Super-Vulkane') wurde zudem vom Discovery Channel *Yellowstone's Super Sister* genannt. Island wird wegen seiner Geysire (eher selten) als *Yellowstone Europas* bezeichnet. Ein Photo des El Tatio-Geysir im Norden Chiles wurde auf Flickr als Yellowstone Chiles markiert, doch dies ist kein etablierter Beiname. Häufiger wird dagegen der Rotorua-Distrikt im Norden Neuseelands mit dem Yellowstone-Park verglichen. Er gilt auch als *Neuseelands Yellowstone* bzw. als *Yellowstone der Antipoden*. Mit der Tongpan-Insel hat auch Taiwan sein Yellowstone.

Gegend	Beiname
Mingshi	Lesser Guilin
Bingyu-Tal	Little Guilin
Chishan	Little Guilin of Taiwan
Guiyang Baihua, Guizhou	Litte Guilin
Dragon Gulf	Little Guilin
Phan Nga Bay	Little Guilin of Thailand Little Guilin of Asia

Gulin-Karstberge (Photo: Wikipedia)

Die Gegend um die südchinesische Stadt Guilin ist für ihre am Li-Fluss gelegenen Karstberge berühmt. Landschaften in anderen chinesischen Regionen mit frei stehenden Karstbergen werden in China auch als ‚*Klein-Guilin*' bezeichnet.

Außerhalb Chinas wird die Phang Nga Bucht unweit von Phuket als Klein-Guilin von Thailand bezeichnet. Diese Bucht ist durch den James Bond-Film ‚*Der Mann mit dem goldenen Colt*' bekannt geworden. Eine Insel in der Bucht, die im Film eine Hauptrolle spielte, wird auch *James Bond Island* genannt.

Anhang

<h1 style="text-align:center"><u>Anhang</u></h1>

<u>Geographische und Reisebuchhandlungen</u>

Deutschland	
Berlin	**Chatwins** (literarische Reisebuchhandl.) Goltzstr. 40 Berlin-Schöneberg Mo-Fr 10-20, Sa 10-16 www.chatwins.de
	Schropp Land+Karte Hardenbergstr. 9a (Charlottenburg), U: Zoo Mo-Fr 10-20, Sa 10-18 www.schropp.de
	Camp 4 Buchladen (Dr.Seifert) Berlin-Friedrichshain, Karl-Marx Allee 32 Mo-Fr 10-20, Sa 10-18 www.camp4.de
	Globetrotter (Buchabteilung) Schloßstr.78-82 (U: Rathaus Steglitz) Mo-Fr 10-20, Sa 9-20 www.globetrotter.de/de/filialen/berlin/index.php
Bonn	**Globetrotter** (Buchabteilung) Vorgebirgsstr. 86 Mo-Sa 10-20, www.globetrotter.de
Dresden	**Der Reisebuchladen** Louisenstr. 38, Dresden-Neustadt Mo-Fr 11-19, Sa 11-14 www.der-reisebuchladen.de
Düsseldorf	**Globetrotter (Buchabteilung)** Königsallee 88 Mo-Fr 10-20, Sa 9-20 www.globetrotter.de/de/filialen/düsseldorf/index.php
Freiburg	**Landkartenhaus** Schiffstr. 6 Mo-Fr 9:30-19, Sa 9:30-18 www.landkartenhaus-voigt.de

Frankfurt	**Landkarten Schwarz** Am Kornmarkt 12 Mo-Fr 10-19, Sa 10-18 www.landkarten-schwarz.de
	Globetrotter (Buchabteilung) Grusonstr. 2 Mo-Fr 10-20, Fr-Sa 9-20 www.globetrotter.de/de/filialen/frankfurt/index.php
Hamburg	**Dr. Götze Land &Karte** Alstertor 14-18 Mo-Fr 10-19, Sa 10-18 www.mapshop-hamburg.de
	Landkarten Büchereck Lohkampstr.6 (AKN: Eidelstedt Zentrum) Mo-Fr 9:30-18, Sa 9:30 -13 www.land-karten.de
	Globetrotter (Buchabteilung) Wiesendamm 1 (U, S: Barmbek) Mo-Fr 10-20, Sa 9-20 www.globetrotter.de/de/filialen/hamburg/index.php
Hannover	**Globetrotter (Buchabteilung)** Ernst August Platz 2 Mo-Sa 10-20 www.globetrotter.de/de/filialen/hannover/index.php
Heidelberg	**Reisebuchladen Heidelberg** Kettengasse 5 Mo-Fr 9-19, Sa 9-16 www.reisebuchladen-heidelberg.de
Karlsruhe	**Reisebuchladen Karlsruhe** Herrenstr.33 Mo-Fr 9-19, Sa 9-16 www.reisebuchladen-karlsruhe.de
Köln	**Globetrotter (Buchabteilung)** Olivandenhof, Richmodstr. 10 Mo-Do 10-20, Fr-Sa 10-21 www.globetrotter.de/de/filialen/koeln/index.php

Kiel	**Geobuchhandlung Kiel** Schülperbaum 9 Mo-Fr 10-18:30, Sa 10-15 www.geobuchhandlung.de
Leipzig	**Reisefibel (Reisebüro + Buchhandlung)** Markgrafenstr. 5 Mo-Fr 10-19, Sa 10-16 www.reisefibel.de
	Globetrotter (Buchabteilung) Neuarkt 10 Mo-Sa 10-20 www.globetrotter.de/de/filialen/muenchen/index.php
München	**Globetrotter (Buchabteilung)** Isartorplatz 8-10 Mo-Sa 10-20 www.globetrotter.de/de/filialen/muenchen/index.php
Nürnberg	**Freytag&Berndt** Königstr. 85, U/S: Nürnberg Hbf Mo-Fr 10:30-18:30, Sa 10:30-18:00 www.freytagberndt.at
Regensburg	**Freytag&Berndt** Kohlenmarkt 1 Mo-Fr 9:30-18:30, Sa 9:30-18:00 www.freytagberndt.at
Stuttgart	**Globetrotter (Buchabteilung)** Tübinger Str. 11 Mo-Sa 10-20 www.globetrotter.de/de/filialen/stuttgart/index.php
Wuppertal	**Baedeker Land+Karte** Friedrich-Ebert-Str. 31 Mo-Fr 9:30-19, Sa 9:30-16 www.baedeker-buecher.de
Wiesbaden	**Das Landkartenhaus Angermann** Mauergasse 21 Mo-Fr 10-19, Sa 10-16 www.landkartenhaus.de

Österreich	
Wien	**Freytag&Berndt Reisebuchhandlung** Wallnerstr. 3 Mo-Fr 9:30-19, Sa 9:30-18 www.freytagberndt.at
Salzburg	**Motzko** Elisabethstr. 1 Mo-Fr 9-18:30, Sa 9-17:00 www.motzko.at
Schweiz	
Genf	**Le Vent des Routes** Rue des Bains 50 Mo-Fr 9-18:30, Sa 9-17 www.vdr.ch
Zürich	**Piz Buch &Berg** Müllerstr. 25 Di-Fr 10-13, 14-18:30, Sa 10-16 www.pizbube.ch
	Travel Book Shop Rindermarkt 20 CH-8001 Zürich (Niederdorf) Mo 13-18:30, Di-Fr 9-18:30, Sa 9-17 www.travelbookshop.ch

Niederlande	
Amsterdam	**Evenaar** Literarische Reisebuchhandlung Singel 348
	Pied à terre Overtoom 135-137, Mo 13-18, Di-Fr 9:30-18, Do -21, Sa 10-17 www.piedaterre.nl
	A la carte (So 12-, Mo 13-)10-18 (Do -21, Sa -17:30, So-17) Utrechtsestraat 110 www.reisboekhandel-alacarte.nl
Arnhem	**De Noorderzon** Nieuwstad 35 (Mo 13-)10:15-18 (Do-21, Sa -17) www.denoorderzon.nl
Den Haag	**Stanley&Livingstone** Schoolstraat 21, Mo-Sa 10-18 www.stanley-livingstone.eu
Deventer	**De Wandelwinkel** Bergkerkplein 5 Mo 12-18, Di-Fr 10-18 (Do-21) Sa 10-17 www.dewandelwinkel.nl
Groningen	**De Zwerver** Oude Kijk in't Jatstr. 43-45 Mo 13-18, Di-Fr 10-18 (Do-21) Sa 10-17 www.dezwerver.nl
Lisse	**Op Reis winkel** Heereweg 139 Do 9:30-21, Fr-Sa 9:30-17 www.opreiswinkel.nl
Utrecht	**Interglobe** Vinkenburgstr. 7 Mo 13-18, Di-Fr 10-18 (Do-21) Sa 10-17 www.interglobetravel.nl

Übersetzung: De Zwerver =der Wanderer, Evenaar =Äquator,
Zandvliet = Sandbach, Wandelwinkel =Wanderladen

Belgien	
Antwerpen	**Alta Via** Nassaustraat 29 Mo-So 10-17:30, Do-20 www.altaviatravelbooks.be
Brügge	**De Reyghere** Markt 13 Mo-Fr 9:30-12:30, 13:30-18:30, Sa 9:30-18:00 www.dereyghere.be
Brüssel	**Anticyclone des Azores** Mo-Fr 9:30-18 Fossé aux Loups 34
Gent	**Atlas & Zanzibar** Kortrijksesteenweg 19 Mo-Sa 10-13, 14-18 www.atlaszanzibar.be
	Atlas & Zanzibar Kortrijksesteenweg 1036 Mo-Sa 10-13, 13:30-18 www.atlaszanzibar.be

Frankreich		
Angers	**Itinérances** 62, rue Baudrière Mo 14-19, Di-Sa 10:30-19 www.librairie-voyage-angers.fr
Brest	**Georama** 14, rue Boussingault Mo-Sa 10-19 www.georama.fr
Lille	**Autour du Monde** 65, rue de Paris www.autourdumonde.biz
Montpellier	**Les cinq continents** 20 Rue Jacques Coeur Mo 13-19, Di-Sa 10-19 www.lescinqcontinents.com
Lyon	**Au vieux campeur** Cours de la Liberté 72 Mo-Fr 11-19:30, Sa 10-19 www.auvieuxcampeur.fr
Paris	**Le Phénix (Bücher zu China)** 72 bd de Sebastopol www.librairielephenix.fr
	Le monde des cartes 50, rue de la Verrerie loisirs.ign.fr
	Harmattan- Librairie Internationale 146, rue des écoles Mo-Sa 10-19 www.librairieharmattan.com
	Librairie Marine et Voyages 8, rue d'Echaudé www.librairie-polak.com
	Ulysse 26, rue St.Louise en l'Ile, 75004 Paris Di-Fr 14-20 www.ulysse.fr

Paris	**Au Vieux Campeur** 2, rue de Latran, 75005 Paris Mo-Fr 11-19:30, Sa 10-19:30 www.auvieuxcampeur.fr
Rennes	**Ariane** 20 rue due Capitaine Dreyfus Mo 14-19, Di-Sa 9:30-12:30 14-19 www.librairie-voyage.com

Großbritannien	
Bath	**The Antique Map Shop** 9/10 Pulteney Bridge Bath www.dg-maps.com
Bristol	**Stanfords** 29, Corn Street Mo-Sa 9-18, So 11-17 www.stanfords.co.uk
Hereford	**The Map Centre** 24-25, Church Street Mo-Sa 9-18, So 11-17 www.themapcentre.com
London	**Daunt Books** 83, Marylebone High Street Mo-Sa 9-19:30, So 11-18 www.dauntbooks.co.uk
	Stanfords 7 Mercer Walk Mo-Fr 9-20, Sa 10-20, So 12-18 www.stanfords.co.uk
Upton upon Severn	**The map shop** 15 High Street Mo-Sa 9-17:30 www.themapshop.co.uk

Spanien	
	Desnivel Plaza Matute 6 Mo-Sa 10-14, 16:30-20:30 www.libreriadesnivel.com
	De viaje Serrano 41, 28001 Madrid Mo-Fr 10-20:30, Sa 10:30-14:30, 17-20 www.deviaje.com
	Tierra de Fuego Travesia de Conde Duque 3 Mo-Fr 10-14, 17-20, Sa 10-14 www.tierradefuego.es
	La casa del mapa General Ibanez de Ibero 3 Mo-Fr 8:30-14 www.cnig.es
Barcelona	**Altair** Gran Via 616, Mo-Sa 10-20:30 www.altair.es
Leon	**Iguazu** Calle Plegarias 7 www.libreriaiguazu.com
Malaga	**Mapas y Cia** Compania 33 Mo-Fr 10-13:30, 17-20:30, Sa 10-14:30 www.mapasycia.es
Valencia	**Libreria Patagonia** c./Hopital 1 Mo-Fr 10-14, 16:30-20:30, Sa 14:30-17:30-20:30 www.libreriapatagonia.com
	Regolf Calle del Mar 22 Mo-Fr 10-13:30, 17-20, Sa 10-13:30 http://libreriaregolf.com

Vic	**Muntanya de Llibres** C Jacint Verdaguer 31 Mo-Sa 9:30-13:30, 16:30-20:00 www.muntanyadellibres.com

Portugal	
Lissabon	**Palavra de Viajante** Rua de Sao Bento 30 Di-Do 10-19, Fr-Sa 10-20:30 http://palavra-de-viajante.pt

Italien	
Bologna	**Ulisse** Via degli Orti 8 Mo-So 10-21 Libreriaulisse.com
Florenz	**Stella Alpina** Via Filippo Corridoni 14 www.stella-alpina.com
Mailand	**Luoghi&Libri** Via Vettabbia 3 Mo 15-19:30 Di-Sa 10-19:30 www.luoghielibri.it
	Monti in citta Viale Caldara 20 Mo 15-19:30, Di-Fr 9:30 (Sa 10-)-13:30, 15:00-19:30 www.libridimontagna.net
Norcia	**Geosta** Via Foscolo 10a Di-Sa 9-13, 15:45-19:30, So 9-13, 15-19:30 www.geosta.net
Padua	**Pangea** Via San Martino e Solferino 106 Mo 15:30-19:30, Di-Sa 9:30-12:30, 15:30-19:30 www.libreriapangea.com
Pordenone	**Quo Vadis** Via Brusafiera 16 Di, Do 10-19:30, Mi, Fr, Sa 9-12:30,15:30-19:30 www.quovadislibris.com

Rom	**Libreria del Viaggiatore** Via del Pellegrino 78 Mo-Sa 10-14, 16-20
Sondrio	**VEL Libreria del Viaggiatore** Via Angelo Custode 3 Di-Sa 9:30-12:30, 15:30-19:30 www.vel.it
Trient/ Trento	**Libreria Viaggeria** Via S. Viglio 20 www.librcriaviaggeria.it
Triest	**Transalpina Libreria** Via di Torre Bianca 27/a Di-Sa 9-13, 15 :30-19 :30 www.transalpina.it
Turin	**Il Giramondo** Via Carena 3, Di-Sa 9-13, 15-19:30 www.ilgiramondo.it
	La montagna Via Paolo Sacchi 28 Di-Sa 9:30-12:30-15:30-19:30 www.librerialamontagna.it
Udine	**Odos** Vicolo della Banca 6 Di-Sa 9:30-13:00, 15:30-19:30 www.libreria-odos.it
Verona	**Gulliver Travelbooks** Via Stella 16b So-Mo 15:30-19:30, Di-Sa 9:30-12:30,15:30-19:30 www.gullivertravelbooks.it

Übersetzungshilfe Italienisch	
Diari di Viaggio	Reisetagebuch
Giramondo	Weltenbummler
Luoghi&Libri	Orte und Bücher
La montagna	Die Berge
Stella Alpina	Edelweiß
Del Viaggiatore	Des Reisende

<u>Nordeuropa und Baltikum</u>

Dänemark	
Kopenhagen	**Tranquebar** Borgergade 14 Mo-Fr 10-18, Sa 10-15 www.tranquebar.net
	Nordisk Korthandel Studiestraede 26-30 Mo-Fr 11-18, Sa 9:30-15 www.scanmaps.dk
Schweden	
Stockholm	**Kartbutiken** Samuelsgatan 54 Mo-Fr 10-18, Sa 10-16 www.kartbutiken.se
Lettland	
Riga	**Jana Seta** 83/85 Elizabetes Str., Block 2 Mo-Fr 10-19, Sa 10-17 https://www.karsuveikals.lv/en/
Litauen	
Vilnius	**GIS-Centras** Seliu G. 66 Mo-Fr 10-19, Sa 10-14 www.mapshop.lt

Osteuropa und Südosteuropa

Griechenland	
Athen	**Travel Bookstore** 71 Solonos Street www.travelbookstore.gr
Tschechische Republik	
Prag	**Mapcentrum** Jihlavska 405, Prag 4 Mo-Fr 8:30-17:30 www.mapcentrum.cz
	Prodejna map a Pruvodcu Senovacne nam 6 Mo-Sa 10-18 www.mapyapruvodce.cz
Ungarn	
Budapest	**Freytag&Berndt** Kalvin Ter 5 Mo-Dr 10-18:30, Sa 10-13 www.freytagberndt.hu
	Terkepbolt Soroksari ut 33-35 Mo-Fr 9-19, Sa 10-18 www.cartomap.hu
Gyula	**Hiszi Map** Varoshaz 23 5700 Gyula www.hiszi-map.hu

Nordamerika

USA	
Los Angeles	**Traveler's Bookcase** 8375 W 3rd Street
New York	**Travelers Choice** 2, Wooster Street
New York	**Idlewild** 12,West 19th Street Mo-Do 12-20:00, Fr-Sa 12:00-18:00 www.idlewildbooks.com
Santa Fé	**Travel Bug** Paseo de Peralta 839 Mo-Fr 7 :30-17 :30, Sa 8 :30-17 :30 www.mapsofnewmexico.com
Seattle	**Wide World Travel Store** 4411a Wallingfor Avenue www,.wideworldtravelstore.com Mo-Sa 10-19, So 10-18
Kanada	
Montreal	**Ulysse** 4176, rue St. Dénise Mo-Mi 10-18, Do-Fr 10-21, Sa 10-17:30 www.guidesulysse.com
Montreal	**Ulysse** 560, av du Président Kennedy Mo-Mi 10-18, Do-Fr 10-18:30, Sa 10-17 www.guidesulysse.com
Vancouver	**Travel Bug** 3065 West Broadway Mo-Mi, Sa 10-18, Do-Fr 10-19 www.travelbugbooks.ca

Literatur

Serge Debrebant, Mauritius Much
Japanische Schweine machen buubuu
Kleiner Reiseführer für Sprachliebhaber
Herder, Freiburg 2007

Hugo Kastner
Von Aachen bis Zypern
Geographische Namen und ihre Herkunft
Himboldt Verlag, Baden-Baden 2007

Wolfgang Seidel
Die alte Schachtel ist nicht aus Pappe
Was hinter unseren Wörtern steckt
dtv, München 2007

Theo Stemmler
Wie das Eisbein ins Lexikon kam
Ein unterhaltsamer Gang durch die deutsche
Wortgeschichte
Dudenverlag, Mannheim 2007

Karten

Atlas der Wahren Namen
- Etymologische Karte Welt
- Etymologische Karte Abendland

Kalimedia, Lübeck 2008

Weitere Beinamenbücher von Richard Deiss

(siehe auch www.bod.de)

Der Nabel des Mondes und die Träne im Indischen Ozean
333 Länderbeinamen und wie es zu ihnen kam
Books on Demand, Norderstedt 2010

Von der Blauen Banane zum Rhabarberdreieck
222 Regionsbeinamen und was dahinter steckt
Books on Demand, Norderstedt 2013

Elbflorenz und Sprayathen
555 Städtebeinamen und Stadtklischees von Blechbudenhausen
bis Schlicktown
Books on Demand, Norderstedt 2019

Hibbdebach bis Dribbdebach
222 Stadtteilbeinamen und was dahinter steckt
Books on Demand, Norderstedt 2013

Silberling und Bügeleisen
1000 Spitznamen in Transport und Verkehr und was dahinter
steckt,
Books on Demand, Norderstedt 2010

Schwangere Auster und Hohler Zahn
555 Gebäudebeinamen und was dahinter steckt
Books on Demand, Norderstedt 2010